Jochen Sommer

30 Minuten

Verkaufen mit NLP

Bibliografische Information der Deutschen Nationalbibliothek

Die Deutsche Nationalbibliothek verzeichnet diese Publikation in der Deutschen Nationalbibliografie; detaillierte bibliografische Daten sind im Internet über http://dnb.d-nb.de abrufbar.

Umschlaggestaltung: die imprimatur, Hainburg
Umschlagkonzept: Martin Zech Design, Bremen
Lektorat: Diethild Bansleben, Eppstein/Offenbach
Satz: Zerosoft, Timisoara (Rumänien)
Druck und Verarbeitung: Salzland Druck, Staßfurt

Hinweis:
Das Buch ist sorgfältig erarbeitet worden. Dennoch erfolgen alle Angaben ohne Gewähr. Weder Autor noch Verlag können für eventuelle Nachteile oder Schäden, die aus den im Buch gemachten Hinweisen resultieren, eine Haftung übernehmen.

Printed in Germany

ISBN 978-3-86936-418-6

In 30 Minuten wissen Sie mehr!

Dieses Buch ist so konzipiert, dass Sie in kurzer Zeit prägnante und fundierte Informationen aufnehmen können. Mithilfe eines Leitsystems werden Sie durch das Buch geführt. Es erlaubt Ihnen, innerhalb Ihres persönlichen Zeitkontingents (von 10 bis 30 Minuten) das Wesentliche zu erfassen.

Kurze Lesezeit

In 30 Minuten können Sie das ganze Buch lesen. Wenn Sie weniger Zeit haben, lesen Sie gezielt nur die Stellen, die für Sie wichtige Informationen beinhalten.

- Alle wichtigen Informationen sind blau gedruckt.

- Schlüsselfragen mit Seitenverweisen zu Beginn eines jeden Kapitels erlauben eine schnelle Orientierung: Sie blättern direkt auf die Seite, die Ihre Wissenslücke schließt.

- *Zahlreiche Zusammenfassungen innerhalb der Kapitel erlauben das schnelle Querlesen.*

- Ein Fast Reader am Ende des Buches fasst alle wichtigen Aspekte zusammen.

- Ein Register erleichtert das Nachschlagen.

Inhalt

Vorwort

Vielen Dank, dass Sie sich für den Kauf dieses Buches entschieden haben. Mit den in diesem Buch vorgestellten Techniken können Sie Ihren persönlichen Erfolg und die Anzahl Ihrer Verkäufe zwischen 30 bis über 100 Prozent steigern, weil Sie keine Standardverkaufstechniken lernen, die Sie vermutlich bereits kennen. Stattdessen erleben Sie, welche Techniken und mentalen Strategien Spitzenverkäufer einsetzen, um den Kunden von sich und ihrem Produkt zu überzeugen.

Das bedeutet für Sie, dass Sie nach der Lektüre über die Werkzeuge und inneren Strategien verfügen, die wirklich funktionieren, und dass Sie einen erheblichen Anstieg Ihrer Verkäufe und Umsätze erzielen werden.

Die Grundlage der in diesem Buch vorgestellten Techniken ist das Neurolinguistische Programmieren (NLP). NLP nutzt eine Technik, die als das Modellieren von Spitzenleistungen (Modelling) bekannt geworden ist. Dabei werden sehr erfolgreiche Personen beobachtet und deren Verhalten, Fähigkeiten, Überzeugungen und Strategien analysiert und schließlich so aufbereitet, dass andere Personen diese erlernen können. Andere Personen erzielen dabei die gleichen Ergebnisse wie die modellierte Person, weil durch die Anwendung von NLP genau die Fähigkeiten identifiziert werden können, die für die großen Erfolge verantwortlich sind. NLP wurde in der Vergangenheit bereits bei einer großen Zahl von Verkäufern, Selbstständigen und Unternehmern mit großem Erfolg angewendet.

Bitte bedenken Sie, dass die Durchführung der vorgestellten Techniken ein wenig Übung voraussetzt. Wenn sich ein gewünschter Erfolg nicht sofort einstellt, üben Sie beharrlich weiter. Beim Erlernen von neuen Verhaltensmustern kann es dazu kommen, dass Sie gelegentlich dazu neigen, in Ihr bisheriges Verhalten zurückzufallen. Dies ist ein natürlicher Effekt. Er zeigt an, dass Sie auf dem richtigen Wege sind. Im Sport geht man davon aus, dass ein komplexes Bewegungsmuster bis zu tausendmal wiederholt werden muss, bis es als natürliche und unbewusst ablaufende Bewegung gespeichert ist. Verkaufstechniken und Verhaltensmuster können deutlich schneller erlernt werden, weil Sie diese innerlich leicht durchspielen können und weil Ihre Überzeugungen einen maßgeblichen Effekt auf die Wirksamkeit haben. Wenn Sie die Techniken in Übereinstimmung mit Ihren Werten und Glaubenssätzen ausführen, ist der Erfolg garantiert.

Einige Beispiele wurden aus dem Bereich des Immobilienverkaufs entnommen. Dieser Bereich ist aufgrund der hohen Investitionssummen und der persönlichen Bedeutung einer Kaufentscheidung sehr stark mit Emotionen verknüpft und eignet sich daher besonders gut für die Demonstration der Vorgehensweisen. Sie können die Beispiele jedoch direkt auf andere Branchen übertragen und erzielen vergleichbare Ergebnisse.

Jochen Sommer

30 MINUTEN

1. Warum herkömmliche Verkaufstechniken alleine nicht ausreichen

Wenn Sie ein Seminar über Verkaufstechniken besuchen, so wird man Ihnen vermutlich verschiedene Verhaltensweisen beibringen, die direkt mit der sprachlichen Kommunikation zusammenhängen. Eine besonders große Rolle spielen dabei Fragetechniken, Nutzenargumentation, Abschlusstechniken und das argumentative Behandeln von Einwänden. Der Verkäufer lernt dabei, rhetorisch und argumentativ mit dem Kunden umzugehen, um ihn so von seinem Produkt oder seinen angebotenen Dienstleistungen zu überzeugen. Werden die gelernten Techniken im Alltag jedoch übertrieben angewendet, so entsteht schnell das Gefühl, dass der Verkäufer nicht authentisch ist und einfach nur gelernte Phrasen wiedergibt. Der Kunde hat schnell das Gefühl, dass hier etwas nicht in Ordnung ist und wird schließlich sogar das Produkt ablehnen, obwohl es möglicherweise für ihn sehr geeignet scheint.

Selbstverständlich spielen Verkaufstechniken eine bedeutende Rolle. Sie helfen vor allem Neulingen, die grundlegenden Verhaltensmuster zu kennen, zielgerichtet Informationen vom Kunden zu erhalten und diesem zu Entscheidungen zu verhelfen. Häufig ist jedoch der Kunde oder Einkäufer genauso gut oder sogar besser geschult als der Verkäufer und verfügt über ein gleichwertiges Repertoire an Kommunikationstechniken. Handelt es sich um ein Unternehmen, so steht der Verkäufer häufig professionellen Einkäufern oder dem in Verhandeln erfahrenen Eigentümer gegenüber. Handelt es sich um Privatkunden, so sind bei größeren Investitionen häufig mehrere Personen anwesend und der Verkäufer ist gleich mit mehreren Experten und Unterhändlern im Gespräch.

Wirklich effektiver Verkauf besteht nun nicht darin, dass man auf besonders gute und natürlich wirkende Weise Verkaufstechniken beherrscht. Stattdessen muss es dem Verkäufer gelingen, die Kunden auf einer wirksameren Ebene anzusprechen als dies durch Argumente und die üblichen Verkaufstechniken erzielt werden kann.

Besonders erfolgreiche Verkäufer sprechen den Kunden auf einer unbewussten emotionalen Ebene an und verstehen es, Gefühle zu vermitteln, die eine Entscheidung als richtig und rational erscheinen lassen. Kunden treffen Entscheidungen immer auf der emotionalen Ebene. Sie begründen die Entscheidung jedoch in der Regel durch rationale Argumente.

Selbst wenn es sich bei Ihren Kunden um Personen handelt, die einen Kauf nach streng logischen Kriterien entscheiden, werden sich diese Kunden immer wieder emotionale Fragen stellen. Nur wenn sich bei der Entscheidung ein gutes Gefühl beim Kunden einstellt, wird er abschließen. Stellt sich dieses Gefühl nicht ein, so wird er die Entscheidung später bereuen.

Wenn die Zustimmung für den Kunden mit weniger emotionalem Schmerz verbunden ist als die Ablehnung, wird er kaufen. So kann es vorkommen, dass Kunden bei Haustürgeschäften ein unnötiges Abonnement kaufen, weil der Kauf für den Kunden angenehmer ist, als die persönliche Absage an den Verkäufer. Ist der Verkäufer später nicht mehr anwesend, wird die Bestellung dann schriftlich widerrufen, weil der unpersönliche Widerruf (Kaufreue) wiederum angenehmer ist als das Abonnement weiter zu beziehen. Ein geschickter Verkäufer erkennt solche Signale und wird dafür sorgen, dass der Kunde seine Entscheidung freiwillig und mit einem guten Gefühl in Gegenwart des Verkäufers treffen kann, selbst wenn dies für den Verkäufer einen kurzfristigen Nachteil bedeutet.

Der Schlüssel zum erfolgreichen Verkauf liegt in der Kombination von Verkaufstechniken, nonverbaler Kommunikation und dem richtigen Umgang mit Emotionen. Nonverbale Signale spielen in der Kommunikation eine wichtigere Rolle als der sprachliche Inhalt. In der Psychoanalyse (Freud, Ferenczi, Reich) und im

NLP gilt: Die genaue Beobachtung nonverbalen Verhaltens wie Körperhaltungen und Gesten gibt Aufschluss über die inneren Vorgänge einer Person, und dies sogar lange, bevor die Person in der Lage ist, diese inneren Vorgänge auch verbal darzustellen.

Das bedeutet: Ein guter Verkäufer kann lernen, zu sehen, ob ein Kunde einen Kauf überhaupt durchführen wird, bevor der Kunde dies selbst weiß. Er kann lernen, bei sich selbst einen inneren Zustand zu erzeugen, der ihn dabei unterstützt, nonverbale Signale zu produzieren, die dem Kunden signalisieren, dass er bei dem Verkäufer gut aufgehoben ist und das entsprechende Produkt gut und richtig für ihn ist. Innere Zustände drücken sich also bei Menschen durch sichtbare nonverbale Signale (z.B. Körperhaltung, Mimik und Tonalität der Stimme) aus.

Die Signale sind individuell oft unterschiedlich, jedoch eindeutig in Bezug auf die bestimmte Person. Das bedeutet, dass erfolgreiche Verkäufer sich bewusst oder unbewusst auf einen Kunden kalibrieren: Sie beobachten dessen Reaktionen und bringen diese mit inneren Zuständen (z.B. Ablehnung, Freude) in Verbindung. Schließlich testen sie die beobachteten Signale, indem sie den Kunden bewusst in den entsprechenden Gefühlzustand versetzen und auf die Wiederholung der Signale achten. Auf diese Weise erkennen sie an den Reaktionen, was der Kunde möchte. Bestimmte Informationen müssen so nicht mehr durch Fragetechniken ermittelt werden.

In der heutigen Kommunikationsforschung haben besonders die Arbeiten von Albert Mehrabian gezeigt, dass es vielfach wichtiger ist, nonverbales als verbales Verhalten zu betrachten. In seinen Untersuchungen zur Entstehung von Urteilen über Einstellungen und Persönlichkeitsbilder wurde bewiesen, dass nur etwa 7 Prozent der emotionalen Bedeutung (Emotionen) einer Botschaft durch verbale Botschaften übermittelt werden. 38 Prozent werden per Paralinguistik (Tonhöhe, Sprachmelodie, Wortbetonung usw.) kommuniziert. 55 Prozent der Bedeutungen gelangen über das nonverbale Verhalten in Gestalt von Gesten, Körperhaltungen, Gesichtsausdruck usw. zum Gegenüber.

Wenn Sie sich also ausschließlich auf inhaltliche Gesprächsführung und Argumentationen konzentrieren, werden Sie – egal wie sehr Sie sich anstrengen – niemals die gleichen Erfolge erzielen, als wenn Sie dies durch die richtige Kombination aller Kommunikationskanäle erreichen.

Kunden treffen ihre Entscheidungen immer emotional. Sie begründen sie jedoch häufig durch rationale Argumente. Emotionen drücken sich durch erkennbare verbale und nonverbale Signale aus. Durch Kalibrieren kann sich der Verkäufer auf die verbalen und nonverbalen Signale des Kunden einstimmen und die emotionalen Botschaften erkennen. Erfolgreiches Verkaufen bezieht die emotionale Ebene in das Verkaufsgespräch mit ein.

1.1 Das Modellieren von Spitzen-leistungen

Erfolgreiche Verkäufer haben bestimmte Gemeinsamkeiten, die – unabhängig vom Produkt oder der Branche – maßgeblich für deren Erfolg verantwortlich sind. Diese Gemeinsamkeiten gehören zu den am besten untersuchten Wissensgebieten des NLP. Durch die Techniken des Modellings wurden diese Fähigkeiten bei Tausenden von erfolgreichen Verkäufern identifiziert. Grundsätzlich werden beim Modelling verschiedene Ebenen unterschieden, die bei der Untersuchung berücksichtigt werden. Diese so genannten logischen Ebenen sind:

– **Umgebung**: Unter welchen Umständen und in welchem sozialen Umfeld werden die Ergebnisse erzielt?
– **Verhalten**: Welche Verhaltensvariablen (z.B. Arbeitstechniken, Werbemaßnahmen, Aktivitäten, etc.) sind erkennbar und für den Erfolg verantwortlich.
– **Fähigkeiten**: Über welche Fähigkeiten verfügt die Person und welche dieser Fähigkeiten spielen eine entscheidende Rolle zum Erzielen des Erfolgs (hierunter werden auch Fertigkeiten verstanden, die durch Trainings und Lesen von Fachartikeln etc. gewonnen werden). Weiterhin sind die mentalen Verkaufsstrategien von Interesse (Vorgehen, Überzeugungsmuster, Umgang mit Ablehnung/Misserfolg, Abschlusstechniken).

- **Werte**: Es wird die Motivation und die innere Einstellung zur Arbeit und zum Kunden ermittelt. Die Wertehierarchie (was ist am wichtigsten) wird ermittelt. Auch werden hier förderliche Glaubenssätze und Überzeugungen identifiziert.
- **Identität**: Wie sieht sich der Verkäufer persönlich? Wie beschreibt er seine Stellung zum Kunden und in der Gesellschaft?
- **Spiritualität**: Welche Mission, welche Vision verfolgt der Verkäufer? Wie integriert sich die Arbeit in die höheren Lebensziele? Gibt es einen tieferen Sinn, der durch die Arbeit verwirklicht wird?

Das Modellieren von Spitzenleistungen konzentriert sich also nicht nur auf die äußerlich sofort sichtbaren Fähigkeiten der Verkäufer, sondern identifiziert auch die inneren geistigen Vorgänge, die die Voraussetzung für das Verhalten des Verkäufers sind.

Durch Modelling werden die äußerlich sichtbaren Fähigkeiten und die mentalen Prozesse von Verkäufern untersucht. Dadurch ist es möglich, nicht nur das für den Erfolg verantwortliche Verhalten zu identifizieren, sondern auch die dafür verantwortlichen inneren Einstellungen, Überzeugungen und Strategien.

1.2 Unbewusste Kommunikation

Ein großer Teil unserer Kommunikation verläuft unbewusst. Durch entsprechende Messungen ist es möglich festzustellen, wie viele Informationen während eines Gesprächs über unsere Sinnesorgane aufgenommen werden können. Die Informationsmenge selbst wird in BIT (engl. binary digit) gemessen. Ein BIT ist die kleinste mögliche Informationseinheit. Verschiedene Studien kommen zu dem Ergebnis, dass unsere Sinnesorgane zwar zu jeder Zeit eine große Zahl von Informationen (bis zu 11.000.000 BIT pro Sekunde) aufnehmen können, jedoch nur ein sehr kleiner Teil davon (ca. 40-400 Bit pro Sekunde) davon bewusst wahrgenommen wird. Die genaue Anzahl der verarbeiteten Informationen ist individuell verschieden, da zum Beispiel junge Menschen häufig über leistungsfähigere Sinnesorgane verfügen, und hängt zusätzlich vom Bewusstseinszustand einer Person ab. Menschen, die ausgeruht und hochkonzentriert sind, nehmen bewusst mehr wahr als eine Person, die beispielsweise sehr müde ist.

Verschiedene Filter sind dafür verantwortlich, welche Informationen bewusst wahrgenommen werden. Hierzu *gehören sensorische Filter*, die bestimmte Informationen ausblenden. Beispielsweise reagiert unser visuelles Sinnessystem auf Bewegungen und Veränderungen besonders empfindlich. Im NLP sind drei Verarbeitungsprozesse bekannt, die besonderen Einfluss auf die wahrgenommenen Informationen haben:

- **Tilgung**: Ein Teil der Informationen wird ausgeblendet.
- **Verzerrung**: Informationen werden verändert, so dass sie in das bestehende Weltbild passen.
- **Generalisierung**: Spezifische Erfahrungen werden auf Klassen von Erfahrungen übertragen oder aus Einzelerfahrungen wird auf alle gleichartigen Erfahrungen geschlossen.

Weitere Filter sind die sog. *Metaprogramme*, mit denen wir uns in Kapitel 4 genauer beschäftigen werden, sowie Werte und Glaubenssätze (Überzeugungen). Dabei neigen wir dazu, Informationen möglichst so zu interpretieren, dass diese unsere Glaubenssätze und Werte stützen.

Unbewusst verarbeitete Signale spielen besonders beim Entstehen von Gefühlen eine wichtige Rolle. So kann es beispielsweise vorkommen, dass ein Verkäufer mehrdeutige Signale aussendet, weil er einen Kunden nicht sympathisch findet oder seine Arbeit nicht mag. Der Kunde bemerkt dies während des Gesprächs nun nicht dadurch, dass der Verkäufer dies offen ausspricht. Trotzdem spürt er am Verhalten des Verkäufers, dass irgendetwas nicht stimmt. Dabei ist dem Verkäufer möglicherweise selbst gar nicht bewusst, dass er den Kunden nicht leiden kann.

Wenn nun Kommunikation prinzipiell so verläuft, dass deutlich weniger als ein Prozent der gesendeten Informationen bewusst wahrgenommen wird, ist es verständlich, dass häufig Missverständnisse zwischen Käufer und Verkäufer entstehen können. Selbst bei unmissverständlichen und klaren Aussagen kann es vorkommen, dass der Empfänger diesen Teil der Nachricht gar nicht wahrgenommen hat. Hinzu kommt noch, dass eine Person, die von ihrer eigenen Aussage nicht überzeugt ist, unbewusst mehrdeutige Signale aussendet (sog. Inkongruenzen), die möglicherweise von der Gegenseite als Widerspruch oder sogar als unglaubwürdig gedeutet werden.

Da bei der Kommunikation ein großer Teil unbewusst abläuft, ist es für Verkäufer so wichtig, möglichst viele der Signale zu erkennen und zu deuten, die der Kunde aussendet. Gleichzeitig ist es wichtig, dass der Verkäufer bereits vor dem Verkaufsgespräch persönliche Zweifel und wichtige Fragen geklärt hat, damit er selbst im Gespräch möglichst eindeutige Signale aussendet und dadurch zu mehr Glaubwürdigkeit und Authentizität gelangt. Bitte denken Sie daher daran, dass die besten Verkaufstechniken nicht optimal wirken können, wenn Sie damit manipulative oder für den Kunden negative Absichten verfolgen. Ein Verkäufer sollte immer das Wohl des Kunden im Auge behalten und ehrlich darum bemüht sein, dieses Wohl zu verwirklichen.

Das Modellieren erfolgreicher Verkäufer hat gezeigt, dass diese die Signale Ihrer Kunden erfolgreich deuten und in der Lage sind, gezielt darauf einzugehen.

 Nur ein geringer Teil der bei der Kommunikation gesendeten Signale wird bewusst wahrgenom-

1. Warum herkömmliche Verkaufstechniken nicht ausreichen

men. Wir sind uns selbst nur zu einem kleinen Teil bewusst, welche Signale wir aussenden und welche wir aufnehmen. Unbewusst gesendete und verarbeitete Signale spielen jedoch eine wichtige Rolle bei der Entstehung von Gefühlen. Verkäufer, die selbst von ihren angebotenen Leistungen überzeugt sind und die in der Lage sind, die Signale des Kunden zu erkennen und zu interpretieren, erzielen bessere Verkaufsergebnisse.

1.3 Grundelemente erfolgreicher Kommunikation

In den frühen siebziger Jahren wurden im NLP vor allen Dingen Personen untersucht, die bedeutende und gewollte Veränderungen in Therapie und Coaching bei ihren Klienten hervorrufen konnten. Dabei wurde der Frage nachgegangen, was die gemeinsamen Eigenschaften erfolgreicher Kommunikatoren sind. Die Ergebnisse werden heute als die vier Beine des NLP bezeichnet:

1. **Zielorientierung**: Erfolgreiche Menschen haben ein Ziel, dem sie sich verpflichtet fühlen. Sie setzen einen großen Teil ihrer Energie für die Erreichung dieses Ziels ein. In Gesprächen verfolgen sie eine klare Absicht.

2. **Flexibilität**: „Wenn etwas nicht funktioniert, tue etwas anderes!" Diese Grundannahme des NLP be-

schreibt, dass erfolgreiche Personen nicht an unsinnigen Strategien festhalten, sondern durch flexibles Verhalten die optimale Vorgehensweise wählen. Flexibilität hat nicht immer etwas mit dem Willen zu tun. Häufig sind bestimmte Verhaltensweisen innerlich mit angenehmen oder unangenehmen Gefühlen verknüpft. Telefoniert ein Verkäufer beispielsweise nicht gerne, weil dies für ihn mit dem Gefühl von Ablehnung und Frustration verbunden ist, so reicht ein eiserner Wille oft nicht aus, um sein Verhalten zu ändern. Daher ist es sinnvoller, zunächst die mit dem Telefonieren verbundenen Emotionen zu überdenken, bevor das gewünschte Verhalten ausgeübt wird. Es ist leichter, flexibel zu sein, wenn das neue Verhalten als angenehm empfunden wird.

3. **Wahrnehmungsfähigkeit**: Flexibilität kann nur erreicht werden, wenn Abweichungen vom Ziel überhaupt wahrgenommen werden. So kann ein Verkäufer beispielsweise nur dann seine Verkaufsstrategie verändern, wenn er deutliche Kauf- oder Nichtkaufsignale des Kunden überhaupt bemerkt.

4. **Positive Überzeugungen** (Glaubenssätze): Nur wer letztendlich von seinem Erfolg überzeugt ist, wird die Ausstrahlung und Ausdauer besitzen, ihn auch zu erreichen. Glaubenssätze wirken wie eine selbst erfüllende Prophezeiung. Glaubenssätze können in der Regel nicht überprüft oder bewiesen werden, daher ist es problematisch, Glaubenssätze durch Argumente zu beeinflussen. Sinnvoller ist es, die damit ver-

bundenen Gefühle zu erkennen und diese durch entsprechende NLP-Techniken zu verändern.

Zielorientierung, Flexibilität, gute Wahrnehmungs-fähigkeit und positive Überzeugungen sind die Grundlage ergebnisorientierter Kommunikation.

1.4 Die Grundelemente erfolgrei-chen Verkaufs

Neben den vier Beinen des NLP gibt es weitere Eigenschaften, die für Verkäufer von Bedeutung sind. Verkaufen hat viel damit zu tun, dass andere Menschen von etwas überzeugt werden sollen (und wollen). Es zählt damit zu den komplexesten Fähigkeiten des menschlichen Verhaltens. Gleichzeitig ist Verkaufen eine der leichtesten Fähigkeiten überhaupt, wenn die innere Einstellung stimmt und der Verkäufer weiß, wie er die richtigen Strategien erlernt.

Die gemeinsamen Elemente der Spitzenverkäufer sind:

- **Selbstverpflichtung**: Spitzenverkäufer haben genügend zwingende Gründe, um erfolgreich zu werden. Durch die Kombination eines motivierenden Zieles und zwingender Gründe, dieses Ziel zu erreichen, sind sie zu Höchstleistungen fähig und verpflichtet, die andere niemals erreichen werden.

- **Vorbereitung auf den Kundenkontakt**: Gute Verkäufer kennen ihren Kunden und seine Bedürfnisse.

Sie kennen ihr Produkt und die Mitbewerber. Wichtige Einwände sind ihnen bereits vor dem Verkaufsgespräch bekannt.

- **Zustandskontrolle**: Gute Verkäufer bringen sich selbst in einen für den Verkauf förderlichen inneren Zustand. Sie sind zugänglich, wenn es der Kundenkontakt erfordert und wirken glaubwürdig und überzeugend, wenn der Abschluss bevorsteht. Durch die eigene Stimmigkeit (Kongruenz) wirken sie überzeugend. Diese Stimmigkeit überträgt sich auf den Kunden und bewirkt auch bei ihm ein Gefühl der Sicherheit.

- **Kontaktfähigkeit**: Kontakt wird durch mehrere Faktoren gefördert. Maßgeblich ist zunächst die reine Zahl der Kundenkontakte. Die Tiefe und Vertrautheit entscheidet jedoch über die Qualität des Kontakts. Hierbei helfen gute Kontaktfähigkeit, (kluge) Komplimente, echtes Interesse am Kunden und die volle Konzentration auf die Wünsche des Kunden.

- **Interesse wecken**: Durch die richtige Wahl nonverbaler Botschaften und Überzeugungseinheiten wird der Kunde „heiß" auf das Produkt. Der Kunde muss das Produkt selbst wollen und die Gründe für den Kauf müssen die mit dem Kauf verbundenen Ängste überwiegen. Gute Verkäufer kennen diese Zusammenhänge und nutzen dies.

- **Kaufdruck erzeugen**: Der Verkäufer verstärkt den Leidensdruck des Kunden und verbindet Nichtkauf mit Leid. Dabei nutzt er die Wertvorstellungen und angestrebten Gefühlszustände des Kunden. Er kennt die Kaufmuster des Kunden und setzt diese wirkungsvoll ein.

- **Einwände behandeln**: Der Verkäufer beantwortet offene Fragen und Einwände, bis der Kunde bereit zum Kauf ist. Einwände sind versteckte Kaufsignale, die der Verkäufer geschickt nutzt und in Kaufverpflichtungen umwandelt.
- **Kauf erleichtern und Future Pace**: Dem Kunden wird die getroffene Entscheidung als richtig bestätigt. Durch den Future Pace wird dem Kunden die Vorstellung einer angenehmen Zukunft vermittelt. Dadurch bleibt der Kunde dauerhaft mit der Leistung zufrieden, und empfiehlt den Verkäufer an andere potenzielle Kunden weiter.

- *Kunden treffen Entscheidungen auf emotionaler Ebene. Erfolgreich verkaufen bedeutet, diese Ebene mit einzubeziehen.*

- *Spitzenverkäufer sind in der Lage, ihren eigenen Erfolg innerlich so zu repräsentieren, dass er für sie zwingend wird.*
- *Erfolgreiche Spitzenverkäufer wecken Interesse, verbinden den Kauf mit Freude (und den Nichtkauf mit Leid) und vermitteln dem Kunden die Vorstellung einer angenehmen Zukunft nach dem Verkaufsabschluss.*

30 MINUTEN

Wie Sie sich selbst optimal zum Verkauf motivieren?

Warum uns gerade negative Aspekte besonders motivieren?

Wie Sie sich selbst zum Erfolg verpflichten?

2. Selbstmotivation und innere Verpflichtung

Wodurch werden Sie motiviert? Setzen Sie sich innerlich oder sogar schriftlich Ziele, die Sie attraktiv finden und für die Sie bereit sind, Zeit und Energie zu investieren? In diesem Fall verfügen Sie über eine so genannte **Hin-zu-Motivation**.

Oder motiviert es Sie mehr, wenn Sie Ihre Rechnungen nicht mehr bezahlen können und sich sorgen müssen, ob Ihr Geschäft die nächsten drei Monate übersteht. Die meisten Menschen sind bereit, mehr dafür zu tun, zu verhindern, dass man Ihnen 10.000 € wegnimmt, als sie bereit sind etwas dafür zu tun, diese zu verdienen. Wenn Sie eher zu dieser Gruppe zählen, so besitzen Sie eine **Weg-von-Motivation**. Eine gute Motivationsstrategie verbindet beide Arten der Motivation. Ein klares motivierendes Ziel ist die Voraussetzung dafür, dass die Richtung stimmt und die richtigen Aktivitäten ergriffen werden können. Genügend Ängste und zwingende Gründe motivieren uns hingegen, auch dann ein Ziel weiter zu verfolgen, wenn sich – z.B. durch kurzfristigen Erfolg – ein Gefühl der Zufriedenheit einstellt, das ansonsten dazu führen könnte, dass wir uns ein wenig ausruhen.

Der Grund, warum Menschen häufig keinen Erfolg haben und unzufrieden sind, ist der, dass sie keine klaren Ziele haben und nicht über ausreichend zwingende Gründe verfügen, um erfolgreich zu sein.

30

Eine gute Motivationsstrategie vereint ein motivierendes Ziel mit der Angst vor negativen Folgen, die eintreten, wenn das Ziel nicht erreicht wird. Die Kombination von Hin-Zu- und Weg-Von-Motivation hilft dabei, ein Ziel konsequent zu verfolgen, auch wenn sich die aktuelle Situation verändern sollte.

2.1 Stellen Sie Ihre augenblicklichen Koordinaten fest

Die nachfolgenden Übungen helfen Ihnen dabei, sich motivierende Ziele zu setzen und sich für die Umsetzung zu motivieren. Dabei werden Sie durch einen Prozess geführt, den Sie nicht nur für Verkaufsziele verwenden können, sondern ganz allgemein für alle wichtigen Lebensbereiche.

Was Sie nicht wollen

Erstellen Sie eine tabellarische Liste von Dingen und persönlichen Eigenschaften, die Sie im Moment besitzen und eigentlich nicht haben wollen. Am Ende der Tabelle fügen Sie zwei weitere Spalten hinzu, die Sie im Moment noch nicht ausfüllen. Sehr viele Menschen verbringen einen großen Teil ihrer Zeit damit, sich über diese Dinge Gedanken zu machen. Mögliche Inhalte der Liste sind z.B. Krankheiten, Schulden, Stress mit Kunden, schlechte Produkte. Notieren Sie jeweils nur eine Sache pro Zeile und hören Sie erst auf, wenn Ihnen nichts Neues mehr einfällt.

Liste 1 – Dinge, die ich besitze und nicht möchte!		

Was Sie wollen

Fragen Sie sich: „Was will ich in meinem Leben erreichen?" Schreiben Sie alle Dinge auf, die Sie sich wünschen und die Sie erreichen möchten. In dieser Liste können materielle Dinge, persönliche Eigenschaften und Fähigkeiten aufgeführt werden. Beispielsweise ein bestimmter Kontostand, ein Dienstwagen, eine gute Verkaufsstrategie, zwischenmenschliche Beziehungen oder Gesundheit.

Liste 2 – Dinge, die ich erreichen möchte!		

Was Sie bereits erreicht haben

Damit Ihre Koordinaten vollständig sind, ist es nötig, sich einmal Gedanken darüber zu machen, was Sie in der Vergangenheit bereits erreichen konnten und wofür Sie Ihre Energien eingesetzt haben. Führen Sie alle Dinge auf, die Ihnen besonders wichtig sind und die Sie heute gerne besitzen. Zählen Sie dabei auch die persönlichen Erfolge auf, die für Sie von besonderer Bedeutung sind.

Liste 3 – Was ich bereits erreicht habe!		

Diese Liste dient Ihnen gleich in zweierlei Hinsicht. Sie steigert Ihr Wohlbefinden, weil die Auflistung Ihnen Ihre früheren Erfolge vor Augen führt. Außerdem gibt die Liste Aufschlüsse über Ihre persönlichen Werte und Prioritäten.

Was Sie bisher erfolgreich vermieden haben

Werte und Prioritäten zeigen sich nicht nur in den Dingen, die Sie verwirklichen, sondern auch in Dingen, die Sie bisher erfolgreich vermieden haben. Auch wenn Sie möglicherweise nicht bewusst über diese Dinge nachdenken, ist es sinnvoll, sich einmal damit zu beschäftigen. Schreiben Sie daher in der letzten Liste alle die Dinge auf, die Sie bisher gefürchtet und erfolgreich vermieden haben. Mögliche Inhalte dieser Liste können Arbeitslosigkeit, Krankheiten, Schulden, Gerichtsverfahren, das Ende von Beziehungen oder schlechte Partnerschaften sein.

Liste 4 – Will ich nicht und habe ich nicht		

Vergeben Sie Prioritäten

Die vier Listen enthalten bereits wichtige Informationen für Sie. Betrachten Sie zunächst die ersten beiden Listen und stellen Sie fest, inwieweit sich diese unterscheiden. Sind die Listen gleich lang oder ist eine der beiden Listen ungleich länger oder enthält diese für Sie wichtigere Inhalte? Möglicherweise gibt es Dinge, die in beiden Listen enthalten sind und die einfach den jeweils positiven und negativen Aspekt ein und derselben Sache enthalten (z.B. Gesundheit – Krankheit, Reichtum – Armut). Wenn die erste Liste für Sie bedeutender ist, so ist dies ein Hinweis darauf, dass Sie eine ausgeprägte Weg-von-Motivation besitzen und es Ihnen wichtiger ist, bestimmte Dinge zu vermeiden.

Ist die zweite Liste für Sie bedeutender, so verfügen Sie über eine starke **Hin-zu-Motivation**, d.h. es dürfte Ihnen bereits leichtfallen, sich klare Ziele zu setzen und Energien für die Umsetzung zu mobilisieren. Betrachten Sie nun zunächst die Liste, die Sie am meisten interessiert und ordnen Sie die Punkte nach Ihren persönlichen Prioritäten. Hierzu dient die zweite Spalte in den Tabellen. Tragen Sie einfach entsprechende Zahlen ein (z.B. 1 für das Wichtigste und dann absteigend). Führen Sie die Vergabe der Prioritäten nun auch mit den anderen Tabellen durch.

Im nächsten Schritt verwenden Sie eine andere Form der Prioritätenvergabe. Vergeben Sie Prioritäten anhand der Frage „Welche Veränderung würde sich am stärksten auf mein Leben auswirken?" Benutzen Sie dafür die dritte Spalte. Stellen Sie hierbei starke Unterschiede zu Ihren persönlichen Prioritäten fest, fragen Sie sich einmal, ob es möglicherweise sinnvoll ist, Ihre persönlichen Prioritäten zu überdenken.

Verwandeln Sie die Inhalte von Liste 1 in Inhalte der Liste 2

Betrachten Sie die Liste 1 und wandeln Sie dabei jeden einzelnen Punkt in eine positive und motivierende Vorstellung um, die Ihnen ebensoviel bedeutet. Beispielsweise könnte in Liste 1 der Punkt Schulden enthalten sein. Möglicherweise möchten Sie statt Schulden ein positives Guthaben besitzen, in diesem Fall notieren Sie dies. Der neue Begriff sollte die Frage „Was möchte ich stattdessen?" eindeutig beantworten. Ergänzen Sie Liste 2 mit den entsprechenden Begriffen, überprüfen Sie dabei noch einmal die Prioritäten und korrigieren Sie diese auf der resultierenden Gesamtliste.

Dinge, die ich nicht möchte	In	Dinge, die ich möchte.

Formulieren Sie erreichbare Ziele

Wählen Sie nun in Liste 2 die Ziele mit besonders hoher Priorität und formulieren Sie diese so, dass diese die nachfolgenden Fragen eindeutig beantworten. Hierdurch steigt die Erfüllungswahrscheinlichkeit signifikant: Fragen Sie sich bei jedem Punkt:

- Was wollen Sie? (Das Ziel muss **positiv** formuliert sein. Das Ziel darf keine Verneinungen oder Vergleiche enthalten.)
- Woran erkennen Sie, dass Sie das Ziel erreicht haben? (Das Ziel muss messbar sein. Die Messkriterien

sind **sinnesspezifisch** formuliert, d.h. sie sind durch unsere fünf Sinne eindeutig überprüfbar.)

- Wann, wo, mit wem wollen Sie es erreichen? (Es existiert ein klarer **Kontext** für die Zielerreichung.)
- Gibt es Faktoren, die außerhalb Ihres Einflusses liegen? (Versuchen Sie den Einfluss solcher **Umweltvariablen** zu minimieren. Dadurch erzielen Sie eine hohe Kontrolle.)
- Welche Auswirkung wird die Veränderung auf Ihr restliches Leben, Ihre Familie, Ihre Arbeit haben? Integriert sich das Ziel **ökologisch** in Ihr Leben?

Ein wichtiges, jedoch nicht notwendiges Qualitätskriterium für Ziele ist, dass diese eine dauerhafte Verhaltensänderung bei Ihnen bewirken und dazu beitragen, dass Sie wertvolle Fähigkeiten erlernen. Viele Menschen formulieren z.B. das Ziel, eine Millionen Euro nach Ablauf einer bestimmten Zeit zu besitzen (z.B. fünf Jahre). Dieses Ziel hat jedoch keine hohe Qualität. Besser ist es, dieses Ziel in der Form zu formulieren: „Ich entwickle die Fähigkeiten und setze diese um, sodass ich in fünf Jahren eine Million Euro verdiene und dabei Spaß habe!" Das Ergebnis dieser Formulierung ist, dass der Verkäufer sich auf die Fähigkeiten konzentriert und daher nach fünf Jahren in der Lage ist, das Ergebnis jederzeit wieder zu erreichen. Eine Millionen Euro sind dabei letztendlich nur das selbstverständliche Ergebnis der Anwendung der Fähigkeiten und Strategien. Da die Fähigkeiten im Einflussbereich des Verkäufers liegen, gibt es auch keine Umweltvariablen, die die Zielerreichung beeinflussen könnten. Das Ziel enthält auch die Werte Spaß und Freude; hierdurch wird der Verkäufer bereits durch das Lesen des Ziels motiviert.

Um wichtige Ziele zu erreichen, ist es sinnvoll und notwendig, die aktuellen persönlichen Koordinaten festzustellen. Ziele müssen bestimmten Kriterien entsprechen (positiv, sinnesspezifisch, kontextbezogen, möglichst frei von Umweltvariablen) und sich ökologisch in das Leben integrieren. Der Abschnitt beschreibt eine Übung, die es Ihnen ermöglicht, aus zunächst unklaren Vorstellungen motivierende und sinnvolle persönliche Ziele zu entwickeln.

2.2 Machen Sie den Erfolg unvermeidbar

Steigern Sie die Anziehungskraft Ihrer Ziele

Das Konzept der sog. Submodalitäten im NLP beschreibt, dass die Gefühle, welche mit einer Vorstellung verknüpft sind, besonders stark durch die Art und Weise beeinflusst werden, wie wir uns eine Sache vorstellen. So kann beispielsweise der Inhalt eines inneren Bildes vollkommen gleich sein. Jedoch macht es gefühlsmäßig einen bedeutenden Unterschied, ob wir uns dieses Bild in Farbe oder in schwarz-weiß, dreidimensional oder zweidimensional vorstellen. Da Sie in den letzten Übungen gelernt haben, ein Ziel sinnesspezifisch zu beschreiben, prüfen Sie einmal, wie diese Vorstellung beschaffen ist und gewinnen Sie dadurch zusätzliche Hin-zu-Motivation.

Stellen Sie sich die Erreichung des Ziels innerlich vor. Wenn möglich, lassen Sie die Vorstellung als inneren Film ablaufen. Vergrößern Sie die inneren Bilder und stellen Sie sich diese assoziiert vor (Sie sehen die Szene dabei aus Ihren eigenen Augen). Verstärken Sie die Helligkeit und fügen Sie leuchtende Farben und Raumtiefe hinzu. Achten Sie darauf, ob dies die Intensität positiver Gefühle steigert. Wenn Sie möchten, fügen Sie eine motivierende Hintergrundmusik hinzu, die Ihre Motivation weiter steigert. Stellen Sie sich auch unterstützende Stimmen vor, die Sie anfeuern und die Ihnen angenehme Dinge sagen. Steigern Sie das positive Gefühl, bis es ein Maximum erreicht, genießen Sie die Situation und erleben Sie den Moment der Zielerreichung so intensiv wie möglich. Konzentrieren Sie sich auf die Situation und behalten Sie den verbleibenden Eindruck, damit Sie dieses Gefühl jederzeit wieder entstehen lassen.

 Durch die richtige Vorstellung innerer Bilder und Filme erhöhen Sie Ihre Motivation.

Finden Sie die richtige Strategie zur Zielerreichung

Die Zielformulierung hat noch nichts mit dem Weg zu tun, auf dem Sie Ihr Ziel erreichen werden. Den richtigen Weg kann man durch systematische Planung erreichen, bei der die notwendigen Etappen und Zwischenziele formuliert werden. Ein vergleichbares Ergebnis, jedoch mit deutlich intensiverer Gefühlswirkung, erzielen Sie durch das intensive Nachvollziehen der folgenden Schritte:

- Stellen Sie sich die Zielerreichung noch einmal innerlich mit der größtmöglichen Motivation vor. – Genießen Sie dabei Ihren Erfolg und versuchen Sie zu erfühlen, zu welchem Zeitpunkt in Ihrem Leben und in welchem Jahr Sie sich befinden. Benennen Sie das Datum Ihres Erfolgs.

- Stellen Sie sich nun die auf das Ziel folgende Zukunft vor. Stellen Sie sich innerlich vor, wie das Ziel zur Erreichung weiterer Ziele führt oder sogar zur Erreichung einer Lebensmission beiträgt. Erkennen Sie, wie Ihr Ziel in Ihr Leben eingebunden ist.

- Betrachten Sie vom Datum Ihres Erfolgs aus die Vergangenheit. Stellen Sie sich vor, wie Sie jetzt wissen, welchen Weg Sie gegangen sind, um das Ziel zu verwirklichen. Sehen Sie Ihr früheres Ich, wie es seinen Weg geht und gehen Sie innerlich diesen Weg zurück.

- Untersuchen Sie den Weg zurück in die Gegenwart. Vertrauen Sie dabei auf Ihr Unterbewusstsein, wie es Ihnen die Stationen zeigt. Sehen Sie, was Sie auf diesem Weg in welcher Reihenfolge getan haben. Welche Fähigkeiten Sie erlernt haben, welche Ereignisse notwendig waren und welche Personen Sie unterstützt haben.

– Notieren Sie die gesammelten Informationen, die Folge der Ereignisse und die für die einzelnen Schritte benötigte Zeit.

– Gehen Sie zu dem Punkt, der kurz nach dem Durchlaufen dieser Übung liegt. Sehen Sie den ersten notwendigen Schritt, der Sie der Erreichung Ihres Zieles näher bringt und versprechen Sie sich, dass Sie diesen ersten Schritt symbolisch für alle nachfolgenden Schritte gehen werden.

– Werden Sie sich noch einmal der Anziehungskraft Ihres Ziels bewusst und gehen Sie schnellstmöglich den ersten Schritt.

30 *Strategien kann man durch systematische Planung und das Setzen von Zwischenzielen erarbeiten. Alternativ kann man einen gefühlsmäßigen Zugang zu einer Strategie wählen, der den Vorteil hat, dass er die Motivation steigert, ein intensives Erleben der einzelnen Schritte ermöglicht und Kreativität fördert.*

= Vermeiden von ...

Weg-von-Motivation und Selbstverpflichtung

Bisher haben wir hauptsächlich die Entwicklung von positiven Gefühlen und Hin-zu-Motivation im Zusammenhang mit dem Ziel betrachtet. Viele Menschen werden jedoch wesentlich stärker durch Aspekte motiviert, die sie in jedem Fall vermeiden wollen. Aus diesem Grund ist es wichtig, dass man noch eine zweite Motivationsstrategie entwickelt. Diese Weg-von-Motivationsstrategie wurde bei erfolgreichen Personen immer wieder beobachtet. Dabei verbinden diese Personen mit dem Nichterreichen ihrer Ziele extrem unangenehme Gefühle, die verhindern, dass sich diese Personen auf bereits erreichten Zwischenzielen ausruhen und die sie selbst bei extremen Rückschlägen dazu zwingen, konsequent an den gesetzten Zielen festzuhalten.

Eine wirksame Vorgehensweise, um eine Weg-von-Motivation zu erzeugen und Ziele zwingend zu machen, besteht aus den folgenden zwei Schritten:

– Vergegenwärtigen Sie sich, welche Nachteile Sie erleiden, wenn Sie Ihr Ziel nicht erreichen. Betrachten Sie hierzu auch noch einmal die Liste 4 aus dem Abschnitt *Was Sie bisher erfolgreich vermieden haben*. Notieren Sie alle möglichen Nachteile und negativen Folgen (zwingende Gründe). Verdeutlichen Sie sich, was es bedeuten kann, wenn Sie das Ziel nicht erreichen. Was bedeutet dies für Ihr Einkommen, Ihre Karriere, Ihr Privatleben, Ihr Selbstbild? Was, wenn Sie später auf Ihr Leben zurückblicken und feststellen, dass Sie viele Ziele nicht erreicht haben, weil Sie diese nicht hartnäckig genug verfolgt haben?

– Verpflichten Sie sich vor sich selbst und wenn möglich vor anderen Menschen, Ihr Ziel zu erreichen. Teilen Sie Ihre Entscheidung anderen Menschen mit.

Nachfolgend finden Sie eine Vorlage für eine schriftliche Selbstverpflichtung, die Sie für Ihre Ziele benutzen können. In meinen Seminaren füllen manche Teilnehmer diese Verpflichtung aus, stecken diese in ein an sich selbst adressiertes Kuvert und notieren das Datum der Zielerfüllung auf dem Umschlag. Kurz vor Ablauf dieser Zeit sende ich den Personen das verschlossene Kuvert wieder zu.

Vorlage Selbstverpflichtung

Zielformulierung: Wie lautete Ihr Ziel?

```
┌─────────────────────────────────────────────┐
│                                               │
└─────────────────────────────────────────────┘
```

Kriterien: Zu welchen Ergebnissen verpflichten Sie sich?

```
┌─────────────────────────────────────────────┐
│                                               │
└─────────────────────────────────────────────┘
```

Strategie: Was werden Sie tun, um dieses Ziel zu erreichen?

```
┌─────────────────────────────────────────────┐
│                                               │
└─────────────────────────────────────────────┘
```

Zwingende Gründe: Ich werde das Ziel erreichen und damit Folgendes verhindern!

```
┌─────────────────────────────────────────────┐
│                                               │
└─────────────────────────────────────────────┘
```

Datum, Unterschrift:

- *Durch die Kombination eines motivierenden Ziels und ausreichender zwingender Gründe wird ein Ziel zu einer Pflicht.*
- *Erfolgreiche Verkäufer haben attraktive Ziele mit hoher Anziehungskraft und genügend zwingende Gründe, so dass ihr Verkaufserfolg zwangsläufig wird.*
- *Die Weg-von-Motivation ist eine starke Kraft, die besonders wirksam ist, um Rückschläge zu überstehen und uns beim Nachlassen der Attraktivität eines Ziels zu unterstützen.*

30

30 MINUTEN

3.   Die Vorbereitung

Menschen kaufen höherwertige Produkte oder Dienstleistungen in der Regel nicht, weil sie diese unbedingt benötigen. Wenn Menschen ausschließlich nach ihren Bedürfnissen einkaufen würden, so gäbe es heute vermutlich nur ein sehr eingeschränktes Angebot an Produkten und noch weniger Dienstleistungen, die ausschließlich die Grundbedürfnisse und zum Überleben notwendige Leistungen einschließen würden.

Menschen kaufen also nicht, was sie tatsächlich benötigen, sondern das, was sie gerne möchten. Hinter dem Kauf stecken also Wünsche und nicht Notwendigkeiten. Für Ihren Verkaufserfolg ist daher besonders wichtig, die Wünsche Ihrer Kunden zu kennen. Der Kunde kauft letztendlich kein Produkt, sondern den guten inneren Zustand, der mit dem Produkt verknüpft ist. Wenn der Wunsch nach diesem guten Gefühl stark genug ist, wird der Kunde selbst Möglichkeiten finden, den Kauf zu rechtfertigen und er wird bei teuren Produkten Mittel und Wege finden, damit er diese auch bezahlen kann. Wenn der Kauf für den Kunden mit Freude und Lustgewinn verbunden ist und der Nichtkauf mit Leid und Schmerz, dann wird er sich entscheiden.

Aus diesem Grunde ist es auch immer wieder zu beobachten, dass die Kaufbereitschaft für bestimmte Produkte steigt, wenn ein Kunde ein negatives Erlebnis erfahren hat. Versicherungen, Gesundheitsprodukte, Beratungen oder Sicherheitslösungen werden dann gerne angenommen, wenn der Kunde zuvor Probleme erlebt hat oder ihm zumindest von guten Bekannten von solchen berichtet wurde, bei denen das angebotene Produkt Schaden abgewendet hätte. Verkäufer von Sicherheitsprodukten für Personal-Computer kennen dieses Verhalten sehr gut. Kunden verbinden mit der Bedrohung durch Viren- oder Schadprogramme in der Regel wenige Gefühle, da sie sich nicht vorstellen können, welche Nachteile sie durch einen Bedrohungsfall erleben können. Nachdem der Kunde jedoch mehrere Tage damit verbracht hat, seine beschädigten Daten wiederherzustellen, ist er plötzlich sogar bereit, Systeme anzuschaffen, die deutlich teurer sind, als es nötig ist.

Im Verkauf geht es daher darum,

1. herauszufinden, womit der Kunde Schmerzen und Leid verbindet.
2. diesen Schmerz zu verstärken und den Kunden somit in eine innere Spannung zu versetzen.
3. und ihn schließlich mit den Vorteilen des eigenen Produktes von dieser inneren Spannung und dem Schmerz zu befreien.

Die nachfolgenden Übungen helfen Ihnen dabei, sich zukünftig besser in Ihre Kunden hineinzuversetzen:

Übung: Notieren Sie mindestens 10 Gründe, die dafür verantwortlich sind, dass Ihr Kunde Schmerz und Leid empfindet und die ihn letztendlich dazu motivieren, Sie aufzusuchen oder sich für Ihr Produkt zu interessieren.

Mögliche Gründe können beispielsweise sein:
- Der Kunde hat mit einem anderen Produkt schlechte Erfahrungen gemacht und möchte diese zukünftig verhindern.
- Beim Kauf eines Autos hatte der Kunde vielleicht Probleme mit einer anderen Werkstatt oder einem anderen Modell.
- Beim Kauf einer Immobilie möchte der Kunde keine Miete mehr zahlen, will bösartige Nachbarn loswerden oder möchte, dass seine Frau sich nicht mehr über die aktuelle Wohnung beschwert.
- Beim Kauf von Dienstleistungen hat der Kunde vielleicht mit anderen Anbietern schlechte Erfahrungen gemacht, deren Auswirkungen er nun beheben möchte.

Übung: Finden Sie Möglichkeiten, den Schmerz des Kunden zu verstärken, ohne dass Sie dabei die Beziehung zum Kunden unter Druck setzen.

Übung: Finden Sie Möglichkeiten, wie Sie emotionale Gründe vermitteln können, damit der Kunde Ihr Produkt kauft.

30 *Kunden kaufen nicht, was sie tatsächlich benötigen, sondern das, was sie sich wünschen. Damit sind positive Gefühle verknüpft und diese strebt der Kunde an. Spitzenverkäufer nutzen eine Vorgehensweise, die den Kunden dazu bringt, dass er den Kauf mit Freude und den Nichtkauf mit Leid verbindet.*

3.1 State Control: Die Kontrolle Ihres inneren Zustands

In Kapitel 1 wurde beschrieben, dass ein großer Teil der Kommunikation nicht bewusst wahrgenommene, nonverbale Körpersignale beinhaltet. Diese Signale bewirken, dass sich beim Gegenüber ein bestimmtes Gefühl einstellt. Erhält er gleichzeitig gegensätzliche Signale, so stellt sich ein Gefühl von Unstimmigkeit oder sogar Misstrauen ein.

Menschen, die sich innerlich in Bezug auf eine Sache, ein Gefühl oder einer Meinung nicht sicher sind, zeigen dies äußerlich, indem gegensätzliche Körpersignale abgegeben werden. Wenn beispielsweise ein Verkäufer seine Selbstklärung über die Bedeutung einer Preisverhandlung noch nicht abgeschlossen hat, kann es sein, dass er hierzu gleichzeitig gegensätzliche Meinungen vertritt. Einerseits sieht er die Preisverhandlung als Kaufsignal des Kunden an, andererseits befürchtet er, dass der Kunde sein Produkt ablehnt. Auf diese Weise empfindet er gleichzeitig Zuversicht und Angst.

Diese gleichzeitig empfundenen Gefühle zeigen sich unbewusst im Äußeren. Es kann sein, dass der besagte Verkäufer in der Körpersprache und Mimik sehr selbstbewusst auftritt, der Klang seiner Stimme zeigt jedoch Unsicherheit. Diese Inkongruenz nimmt der Kunde wahr, mit dem Ergebnis, dass er möglicherweise die Angst des Verkäufers spürt. Möglicherweise interpretiert er diese Angst in Bezug auf das Produkt und ist nun verunsichert, dass das Produkt möglicherweise Mängel aufweist.

Um Inkongruenzen zu vermeiden, werden zu bestimmten Anlässen Trainings angeboten. Rhetorik-, Körpersprache- und auch Verkaufsseminare konzentrieren sich dabei auf die Körperhaltung, Blickkontakt und Stimme und bringen den Leuten bei, diese in Übereinstimmung zu bringen. Die Vorgehensweise hat bei längerer Übung zur Folge, dass sich die Veränderung auch innerlich auswirkt, denn es besteht ein gegenseitiger Zusammenhang zwischen innerem Zustand und der Körpersprache.

Im NLP geht man den umgekehrten Weg. Dieser Weg wurde sehr häufig bei herausragenden Verkäufern beobachtet. Diese bringen sich vor dem Kundenbesuch in einen guten Zustand. Dabei verwenden sie die unterschiedlichsten Vorgehensweisen. Manche sagen sich immer wieder, dass sie Erfolg haben werden; andere hören laut gute Musik und singen mit oder nehmen ein Bild oder einen Gegenstand zur Hand, um sich in gute Stimmung zu versetzen.

Ist man innerlich in einem exzellenten Zustand, so zeigt sich dies deutlich im Äußeren. Wenn der Zustand ausgeprägt ist, so zeigt sich dies durch hohe Kongruenz, die wiederum überzeugend auf den Kunden ausstrahlt. Ist der Verkäufer von sich und seinem Produkt zu einhundert Prozent überzeugt, so wird es auch dem größten Bedenkenträger auf Dauer schwerfallen, sich nicht von dieser Begeisterung anstecken zu lassen.

Die folgende Übung ist ein wirksames NLP-Muster, das Sie dabei unterstützt, sich schnell in einen exzellenten Zustand zu versetzen. Das Muster ist besonders wirksam, wenn Sie sich innerlich etwas vorstellen, das Sie zunächst bedrückt. Möglicherweise sehen Sie sich bereits, wie der Kunde Sie verlässt, ohne gekauft zu haben. Wenden Sie das Muster vor dem Kundenbesuch an oder in kurzen Gesprächspausen.

Übung: Swish-Muster

1. Machen Sie sich das innere Bild bewusst, das Sie bedrückt und das Sie gerne verändern möchten. Stellen Sie sich dieses Bild als Standbild vor.
2. Denken Sie anschließend an ein Bild, das Sie in einer Situation zeigt, die Sie gerne erleben möchten und die bei Ihnen angenehme Gefühle hervorruft.
3. Stellen Sie sich nun wieder das erste Bild intensiv vor.
4. Fügen Sie in Ihrer Vorstellung rechts unten das zweite Bild als kleines Kästchen in das angenehme Bild ein.

5. Lassen Sie das kleine Bild zunächst langsam wachsen, bis es das erste Bild vollständig überdeckt.
6. Wiederholen Sie den letzten Schritt mehrfach und steigern Sie dabei die Geschwindigkeit. Steigern Sie die Geschwindigkeit so lange, bis der Vorgang in der Zeit abläuft, die Sie benötigen, um „Swish" zu sagen. Führen Sie weitere Wiederholungen durch.
7. Stellen Sie sich nun wieder das erste Bild vor. Wenn die Vorstellung automatisch in das zweite Bild wechselt, war die Übung erfolgreich. Ansonsten wiederholen Sie Schritt 6.

Das Swish-Muster ist ein Verfahren, bei dem Ihr Gehirn lernt, wie es ein bestimmtes negatives Bild behandelt. Anstatt dass das Bild konstant Ihre Gefühle beeinflusst, lernt das Gehirn das Bild einfach zu ersetzen. Der Lerneffekt ist abgeschlossen, wenn Ihr Gehirn das Ersetzen automatisch durchführt.

Inkongruenz bedeutet, dass die Selbstklärung noch nicht abgeschlossen ist und sich verschiedene innere Zustände mischen. Dies ist beobachtbar und führt beim Gegenüber ebenfalls zu gemischten Gefühlen, die im Verkauf störend sind. Bringen Sie sich selbst in einen exzellenten inneren Zustand, so wirkt sich das direkt und positiv auf den Kunden aus.

3.2 Kongruente Kommunikation

Der Begriff der Kongruenz wurde bisher ausschließlich auf das beobachtbare Verhalten bezogen. Dabei ist ein Mensch auf der Verhaltensebene kongruent, wenn alle Outputkanäle zusammen und auch einzeln dieselbe Botschaft vermitteln. Kongruenz wird in der Regel als charismatisch beschrieben oder mit dem Begriff positive Ausstrahlung oder Authentizität gleichgesetzt. Es gibt jedoch besondere Ausdrucksmuster, die zwar auf Verhaltensebene extrem kongruent sind, jedoch keinesfalls eine positive Wirkung auf das Gegenüber entfalten. Dies ist immer dann der Fall, wenn eine Person ein bestimmtes Verhaltensmuster zeigt, das sich aufgrund eines negativen inneren Gefühls einstellt, das auf Unsicherheit, Wut oder Angst basiert. In diesem Fall spricht man von Inkongruenz auf der Identitätsebene. Personen, die auf Identitätsebene kongruent sind, berücksichtigen in der Kommunikation mit anderen zu gleichen Teilen:

- die eigenen Interessen,
- die Interessen des Gegenübers und
- die Sachlage.

Inkongruenz auf der Identitätsebene entsteht immer dann, wenn eine Person eine oder mehrere dieser Ebenen nicht beachtet. Dies ist in der Regel dann der Fall, wenn die Person in Bedrängnis kommt, verunsichert ist oder sich unwohl fühlt. Die Person kann dann in eine der folgenden vier Satir-Kategorien eingeordnet werden:

- **Der Ankläger**: Diese Kategorie blendet die Sache und die Interessen des Anderen aus. Sie ist sich nur der eigenen Interessen bewusst und ausschließlich an der Durchsetzung der eigenen Meinung interessiert. Der Ankläger tritt oft wütend und aggressiv auf.

- **Der Beschwichtiger**: Dieser ist das genaue Gegenteil des Anklägers, denn er blendet nur das eigene Interesse aus. In der Kommunikation ist er einfühlsam und entgegenkommend. Er ist Argumenten gegenüber zugänglich und vertritt selten seinen eigenen Standpunkt. Er wird häufig als „sympathisch aber harmlos" empfunden.

- **Der Rationalisierer**: Dieser Typus blendet eigene und fremde Interessen aus. Er versucht außerhalb von Gefühlen rationale Argumente zu finden, um eine Entscheidung treffen zu können. Die von ihm vorgebrachten Argumente klingen sachlich, sind jedoch nicht zwangsläufig richtig. Da er wichtige Informationen einfach ausblendet, ist er - genau wie die anderen Typen - nicht in der Lage, sich ein vollständiges Bild von einer Situation zu machen. Er tritt in der Regel ruhig und sachlich auf und versucht die Situation zu kontrollieren.

- **Der Ablenker**: Dieser Typ blendet gleich alle drei Elemente aus. Dadurch ist es extrem schwierig, von ihm überhaupt eine klare Aussage zu erhalten.

Schwierigen Fragen geht er aus dem Weg, indem er sie entweder ignoriert oder unwichtige Details bespricht. Er wirkt in der Regel verspielt und unverbindlich.

Die Satir-Kategorien entstehen als Überlebensstrategien in früher Kindheit, um Bedrohungen aus der Umgebung abzuwehren. Später werden diese in das Erwachsenen-Ich übernommen und häufig auch dann angewendet, wenn gar keine Notwendigkeit besteht. Die meisten Menschen sind sich dessen nicht bewusst. Oft identifizieren Sie sich mit Ihrer Art. So würde ein Ankläger sich möglicherweise als konsequent bezeichnen, während der Beschwichtiger sich als entgegenkommend sieht. In der normalen Kommunikation möglicherweise noch zu rechtfertigen, ist es für einen erfolgreichen Verkäufer dringend notwendig, sich seiner eigenen Reaktionen bewusst zu sein.

Gute Verkäufer erkennen, wenn sie sich selbst in einem innerlich inkongruenten Zustand befinden und entwickeln persönliche Strategien, um diesen Neigungen entgegenzuwirken. Da die Veränderung auf Identitätsebene erfolgt, bedarf es hierzu häufig einer intensiven Reflexion der eigenen Persönlichkeit und Verhaltensmuster, deren Durchführung den Rahmen dieses Buches sprengen würde.

- *Top-Verkäufer wissen um die Kunst, den Kunden dazu zu bringen, mit dem Kauf Freude und mit dem Nichtkauf Leid zu verbinden.*
- *Ein positiver innerer Zustand vor und während des Kundenkontakts bedeutet eine höhere Abschlusswahrscheinlichkeit, weil der Kunde diesen Zustand spürt und positiv darauf reagiert.*
- *Inkongruenz auf Identitätsebene zeigt sich in universellen Verhaltensmustern, die die Kommunikation insofern stören, dass wichtige Elemente einfach ausgeblendet werden.*

30 MINUTEN

4. Der Kundenkontakt

Um im Verkaufsgespräch in den entscheidenden Momenten den Kunden überzeugen zu können, ist es wichtig, dass man vom Kunden als glaubwürdig wahrgenommen wird. Die Wahrnehmung, dass eine Person glaubwürdig ist, ist nur zu einem sehr geringen Teil vom Inhalt einer Botschaft abhängig.

4.1 Glaubwürdigkeits- und Zugänglichkeitsmuster

Nachfolgend werden zwei Verhaltensmuster beschrieben, die als Glaubwürdigkeits- und Zugänglichkeitsmodus bekannt sind. Mit der Anwendung dieser Muster ist es dem Verkäufer möglich, sein eigenes Verhalten so zu gestalten, dass der Kunde ihn als glaubwürdig oder besonders zugänglich empfindet. Das Glaubwürdigkeitsmuster ist hilfreich, um Kompetenz und Unnachgiebigkeit zu vermitteln. In öffentlichen Gruppen dominieren häufig Personen, die das Glaubwürdigkeitsmuster besonders gut beherrschen. Zu einem zugänglichen Menschen findet man hingegen schneller Kontakt, diskutiert jedoch gerne kontrovers mit ihm, da er weniger Widerstand signalisiert.

Der **Glaubwürdigkeitsmodus** ist besonders in den folgenden Situationen geeignet: Nutzenargumentation, Abschluss, Einwandbehandlung und dem Treffen von Vereinbarungen.

Der **Zugänglichkeitsmodus** hingegen ist besonders in den folgenden Gesprächsituationen angezeigt: Beginn eines Gesprächs, Begrüßungen, Herstellen von Kontakt, Auflösen von Spannungen.

Das Glaubwürdigkeitsmuster ist durch eine ruhige und tiefe Stimme gekennzeichnet. Die Betonung am Ende eines Satzes bewegt sich dabei nach unten, so dass ein Satz wie eine Tatsache ausgesprochen wird. Normalerweise wird diese Art zu sprechen als männlicher empfunden.

Typische Redewendungen, die die Wahrnehmung von Glaubwürdigkeit unterstützen, sind: „Man hat herausgefunden, dass…" oder „Es ist nachgewiesen, dass…". Die Personalpronomen *es* und *man* wirken unpersönlicher und unterstreichen den absoluten Anspruch einer Aussage. Die Gesten im Glaubwürdigkeitsmodus zeigen wenig Bewegung, Argumente werden durch einen starren Zeigefinger oder verschränkte Arme unterstrichen.

Das Zugänglichkeitsmuster ist durch häufiges Kopfnicken und allgemein stärkere Bewegungen gekennzeichnet. Die Stimme bewegt sich am Ende eines Satzes auf eine Weise nach oben, dass der Satz ein fragwürdiges Element erhält. Die Stimme ist rhythmisch und betonter. Häufig verwendete Wörter sind *wir, uns, ich* oder *zusammen*.

Häufig fallen die Muster mit den Satir-Kategorien zusammen. So benutzen Ankläger und Rationalisierer häufiger das Glaubwürdigkeitsmuster, während Beschwichtiger und Ablenker häufiger das Zugänglichkeitsmuster verwenden. Hierin liegt selbstverständlich die Gefahr, einer solchen Kategorie unbewusst zugeordnet zu werden, wenn man eines der beiden Muster häufig verwendet. Die Verwendung der Muster sollte auch an die Gesprächspartner angepasst werden und kann mittels Pacing (siehe nächstes Kapitel) dazu verwendet werden, eine gute Beziehung aufzubauen. Im Verkauf ist die angemessene Verwendung und Beherrschung der Muster entscheidend für die Wirkung einer Person.

Die Wahrnehmung von Glaubwürdigkeit und Zugänglichkeit ist das Ergebnis des jeweiligen Modus, in dem sich der Verkäufer befindet. Zugänglichkeit ist hilfreich, um schnellen Kontakt aufzubauen und Rapport entstehen zu lassen. Glaubwürdigkeit hilft bei der Nutzenargumentation und bei Verhandlungen.

30

4.2 Pacing und Leading

Menschen neigen dazu, andere Personen als sympathischer zu betrachten, wenn sie an diesen Eigenschaften und Ansichten erkennen, die den eigenen ähnlich sind. Dabei ist es so, dass wir bewusst und unbewusst Gemeinsamkeiten herstellen und betonen, um selbst ein besseres Gefühl zu erhalten.

Mütter gleichen beispielsweise die Gesichtsmimik an die ihrer neugeborenen Kinder an, so dass auf beiden Seiten ein angenehmes Gefühl entsteht. Bei Begrüßungen geben wir uns die Hand, eine symmetrische Bewegung, die in der Regel synchron ausgeführt wird und dann angenehm ist, wenn der Gegenüber einen ähnlich festen und langen Händedruck besitzt wie man selbst.

Geschickte Kommunikatoren fördern den Aufbau einer guten gegenseitigen Stimmung, in der sich Harmonie und Vertrauen ausbilden können, indem Sie immer wieder bewusst Gemeinsamkeiten entdecken und diese betonen. Dieses Verhalten wird im NLP als **Pacing** bezeichnet und bedeutet im Verkauf, dass sich der Verkäufer zu Beginn eines Gesprächs bewusst an den Kunden angleicht.

Um Sympathie und Harmonie entstehen zu lassen, spiegelt der Spitzenverkäufer feinfühlig das Ausdrucksverhalten des Kunden. Mögliche Aspekte, die gespiegelt werden können, sind: Körperhaltung, Mimik, Redewendungen, bestimmte Wörter, Einstellungen, Überzeugungen, Werte, gemeinsame Interessen, Glaubwürdigkeits- und Zugänglichkeitsmodus oder die Lautstärke und Geschwindigkeit der Stimme.

Durch die Anwendung von Pacing entsteht nach einer gewissen Zeit ein angenehmes Gefühl beim Kunden, sofern die betonten Ähnlichkeiten nicht einfach nachgeäfft werden und der Verkäufer sich auch damit identifizieren kann. Durch das Angleichen begibt er sich also zunächst auf die Ebene des Kunden, ohne sich selbst dabei zu verstellen. Das dadurch entstehende Gefühl von gegenseitiger Harmonie wird im NLP als **Rapport** bezeichnet.

Der Aufbau von Rapport zählt zu den wichtigsten Grundfertigkeiten jedes Verkäufers und ist Voraussetzung für jede Art von Verkaufsgesprächen. Die mittels Pacing betonten Ähnlichkeiten führen dazu, dass der Kunde der Meinung ist, der Verkäufer denke wie er, teile die gleichen Interessen und hätte ähnliche Werte und Überzeugungen. Auf diese Weise entsteht ein Gefühl der Sicherheit und Zuneigung. Wenn Sie zu Ihren Kunden Rapport haben, werden diese ein Interesse daran haben, dass Sie mit Ihrem Angebot erfolgreich sind. Da Rapport als angenehm empfunden wird, ist der Kunde bestrebt, diesen Rapport so lange wie möglich aufrechtzuerhalten. Bricht der Rapport aus irgendeinem Grunde ab, so stellt sich sofort ein negatives Gefühl ein, das dazu führt, dass der Kunde nun seinerseits versucht, den Rapport wieder entstehen zu lassen.

Top-Verkäufer nutzen nun diese Tendenz, um den Kunden in Richtung ihres Angebots zu bewegen. Häufig erfolgt vorher ein harmloser Test: Nach anfänglichem Pacing ändert der Verkäufer beispielsweise seine Körperhaltung. Folgt der Kunde diesen Bewegungen, und gleicht nun seine Haltung der des Verkäufers an, so ist dies ein Zeichen dafür, dass der Kunde sich angenommen fühlt und Rapport besteht.

Nach einem solchen Test kann der Verkäufer den Kunden nun problemlos in Richtung Abschluss führen. Dabei achtet er darauf, dass der Rapport erhalten bleibt. Er führt den Kunden achtsam in Richtung Angebot und Abschluss. Er wechselt bei Bedarf das Gesprächsthema und achtet darauf, dass der Kunde freiwillig folgt.

Das beschriebene Verhalten wird als Leading bezeichnet. Pacing führt zu Rapport und der Kunde folgt nun freiwillig dem Verkäufer, indem er den Rapport aufrechterhält, während der Verkäufer ihn durch den Gesprächsverlauf führt. Im Englischen werden Kunden übrigens oft als Lead bezeichnet, was wohl darauf hindeutet, dass der Kunde zum Abschluss geführt werden soll.

Durch die Technik des Pacing (körperliches und nonverbales Angleichen an den Kunden) haben Sie die Möglichkeit, unbewusst ein Gefühl der Harmonie (Rapport) zu erzeugen. Wenn Sie dies erreicht haben, können Sie langsam und zielgerichtet den Kunden dazu bewegen, eine neue Position zu beziehen (Leading).

4.3 Komplimente

Komplimente sind neben Pacing ein mächtiges Werkzeug zur Verbesserung des Kundenkontaktes, sofern diese richtig und intelligent eingesetzt werden.
Beachten Sie dabei jedoch die folgenden Richtlinien:

- Machen Sie Komplimente nur, wenn Sie das Gesagte selbst wirklich empfinden. Ansonsten wirken Sie inkongruent, was der Kunde bemerken wird.
- Begründen Sie ein Kompliment immer. Ein Kompliment, das nicht begründet wird, kann als Schmeichelei empfunden werden und bewirkt einen sofortigen Rapportbruch.
- Machen Sie keine Komplimente über offensichtliche Dinge und vermeiden Sie es, Äußerlichkeiten anzusprechen, sofern Sie die Haltung des Kunden hierzu nicht kennen. Es besteht sonst ein hohes Risiko, dass Sie eine Eigenschaft ansprechen, die der Kunde selbst als negativ erlebt. Beispielsweise machen Männer Frauen häufiger Komplimente über deren Aussehen. Die Frauen selbst empfinden sich jedoch nicht immer selbst als gut aussehend, so dass sie an der Aussage zweifeln.
- Eine der besten Methoden, ein Kompliment zu machen, ist, das Kompliment einer dritten Person weiterzugeben. „Mein Mitarbeiter war von Ihren Produktkenntnissen beeindruckt. Er sagte, Sie wären einer der wenigen Kunden, die sich intensiv infor-

miert hätten und die gute Qualität unserer Produkte beurteilen können."

– Eine weitere Möglichkeit, einem Kunden eine Freude zu machen, besteht darin, ihm ein Dankesschreiben zu senden. Achten Sie hierbei darauf, dass Sie dieses individuell formulieren und nicht als vorgefertigtes E-Mail an mehrere Kunden versenden. Sprechen Sie dabei Dinge an, die eindeutig auf die bisherigen Gespräche mit dem Kunden eingehen, so dass sich der Kunde sicher sein kann, dass das Schreiben ausschließlich für ihn gedacht ist.

 Komplimente sind wirksam, sofern sie bestimmten Kriterien entsprechen. Sie sollten individuell und begründet sein. Alternativ können sie als Aussagen Dritter oder als Dankesschreiben weitergegeben werden.

4.4 Interesse wecken

Um das Interesse eines Kunden zu wecken, gibt es ein einfaches und sehr wirkungsvolles Muster. Das Muster nutzt die Werte des Kunden, indem es diese direkt mit dem Produkt in Verbindung bringt. Zusätzlich werden die Aufmerksamkeit und das Interesse des Kunden geweckt, indem eine positive Behauptung über das Produkt aufgestellt wird, die zunächst ein wenig überzogen wirkt. Das Muster besteht aus fünf Schritten.

1. Finden Sie die Werte und Wunschvorstellungen Ihres Kunden heraus.
2. Äußern Sie eine Behauptung über Ihr Produkt, die dessen Vorteile stark betont. Die Behauptung kann dabei durchaus auch ein wenig überzogen wirken, darf jedoch nicht unglaubwürdig sein. Verwenden Sie Superlative.
3. Begründen Sie die Behauptung sofort durch einen Beweis. Dies begründet die überzogene Aussage, schwächt jedoch nicht deren Wirkung.
4. Nennen Sie nun einen direkten Kundennutzen, der eindeutig mit dem Produkt verknüpft ist.
5. Nennen Sie einen weiteren Kundennutzen, der die Werte und Wunschvorstellungen Ihres Kunden anspricht.

Nachfolgend finden Sie zwei Beispiele für ein solches Muster.

Ein Immobilienmakler möchte ein Haus in guter Lage an einen Kunden verkaufen, dem finanzielle Sicherheit und das Familienleben wichtig sind:

Immobilienmakler: „Die Lage dieses Objekts ist die beste Lage in der ganzen Stadt. Ich kann Ihnen das garantieren, denn in dieser Lage werden seit Jahren die höchsten Quadratmeterpreise gezahlt, es wohnen hier viele bekannte Persönlichkeiten und die Anbindung an die Infrastruktur ist in jeder Hinsicht optimal. Das bedeutet für Sie, dass Sie hier zu einem fairen Preis eine Top-Immobilie erwerben. Sie erhalten eine wertstabile Immobilie, in der Sie und Ihre Familie gut und komfortabel leben können!"

Ein Unternehmen verkauft Produkte für Schlankheitskuren. Die Kunden möchten sich gesund ernähren und vital fühlen.
Aussage: „Mit diesem Produkt nehmen Sie mit Leichtigkeit fünf Kilo in zwei Wochen ab. Viele unserer Kunden haben sogar noch mehr abgenommen. Wenn Sie möchten, nenne ich Ihnen Referenzen. Das bedeutet für Sie, dass Sie mit diesem Produkt Ihrem Schlankheitsziel schnell näher kommen. Außerdem ist das Produkt rein pflanzlich und damit gut verträglich, gesundheitsfördernd und hilft Ihnen, sich schnell fit und vital zu fühlen!"

 Die Kombination von Produkteigenschaften, Beweis, Produktnutzen und einem Kundennutzen, der die Werte des Kunden widerspiegelt, steigert die Aufmerksamkeit des Kunden.

4.5 Kaufdruck erzeugen

In Kapitel 3 wurde gezeigt, wie Sie die emotionalen Gründe erkennen können, die einen Kunden zum Kauf bewegen. Diese Gründe werden mit dem Kauf Ihres Produktes auf eine Weise verknüpft, dass der Kunde mit dem Kauf Freude verbindet. Das Nichtkaufen ist für ihn hingegen mit unangenehmen Gefühlen verknüpft. Wenn die emotionalen und logischen Gründe für einen Kauf intensiv im Verkaufsgespräch genutzt werden, so entsteht Kaufdruck. Der Druck baut sich auf und der Kunde kann den Druck nur dadurch lindern, indem er sich für das Produkt entscheidet. Immer, wenn er die Kaufentscheidung hinauszögert oder überdenkt, bewirken die unangenehmen Gefühle, dass der Kunde sich unwohl fühlt.

Um nun positive Gefühle mit dem Kauf und negative Gefühle mit dem Nichtkauf zu verbinden, sind die folgenden Vorgehensweisen besonders geeignet:

1. Stellen Sie Fragen, die den Kunden dazu bringen, den Wert Ihres Produktes greifbar zu erleben. Hierfür sind beispielsweise so genannte Schätzfragen geeignet, bei denen Sie den Kunden selbst positive Eigenschaften Ihres Produktes abschätzen lassen.

2. Erzählen Sie Geschichten, die vergangene negative Entscheidungen anderer Personen beschreiben. Der Kunde soll sich mit diesen Personen identifizieren können und selbst erleben, wie sich die Personen nach der „falschen Entscheidung" gefühlt haben. Gute Verkäufer kennen viele solcher Geschichten und haben möglicherweise auch einige davon selbst erlebt.

3. Handeln und präsentieren Sie so, als ob der Kunde Ihr Produkt bereits gekauft hat. Der Kunde soll sich hierbei so fühlen, als ob er den Kauf bereits vollzogen hat. Gleichzeitig verknüpfen Sie diese vorweggenommene Entscheidung mit positiven Gefühlen.

Kaufdruck entsteht durch die Verbindung positiver und negativer Gefühle mit der Kaufentscheidung. Durch die Verwendung von Fragen, Geschichten und vorweggenommener Handlungen werden Gefühle mit der Kaufentscheidung verknüpft.

4.6 Verbindliche Zusagen erhalten

Bei der Beobachtung erfolgreicher Verkäufer hat sich herausgestellt, dass viele von ihnen eine gemeinsame Strategie haben, um Kunden bereits zu Beginn des Verkaufsgesprächs zum Kauf zu verpflichten.

Die Strategie besteht darin, zunächst das verbindliche Interesse des Kunden zu prüfen, um ihn dann direkt zu fragen, ob er das Produkt kaufen wird, sofern dieses seinen Vorstellungen entspricht.

Im Rahmen von NLP-Seminaren hat der Autor z.B. bei Immobilienmaklern festgestellt, dass diese häufig mit Kunden zu tun haben, die Immobilien einfach nur besichtigen möchten. Die Kunden schauen sich jahrelang Objekte an, sammeln Exposés und Prospekte und hindern den Makler daran, ernsthaften Interessenten genügend Zeit zu widmen. Trotz intensiver Betreuung kauft der Kunde keine Immobilie.

Um nun zeitaufwändige Besichtigungen (sog. Immobilien-Peepshows) und die Erstellung aufwändiger Präsentationen zu vermeiden, verwenden einige Makler im Rahmen von Arbeitsterminen, die vor der Besichtigung durchgeführt werden, das nachfolgende Gesprächsmuster. Manche Makler berichten, dass sie damit ihre Abschlussquote von ca. zwanzig Besuchen pro Verkauf auf etwa vier Besuche verringern konnten. Gleichzeitig steigt die Zahl der verkauften Objekte, weil nur noch ernsthafte Interessenten betreut werden.

Das Muster besteht aus vier Schritten:
1. **Kundenergründung**: Zunächst erfragen Sie alle wichtigen Kaufkriterien von Ihrem Kunden. Dieser Teil verläuft in einer Art Interview, in welchem der Kunde nach seinen Vorstellungen und Entscheidungskriterien befragt wird. Am Ende der Kundenergründung fasst der Verkäufer die Ergebnisse kurz zusammen.
2. **Fragen nach weiteren Kaufkriterien**: Häufig nennt der Kunde nicht alle Kaufgründe zu Beginn. Daher besteht die Gefahr, dass wichtige Kriterien übersehen werden. Die Frage: „Gibt es außerdem noch wichtige Dinge, die wir bisher noch nicht besprochen haben?" führt dazu, dass er nun eventuell Gründe nennt, die er zunächst verschweigen wollte.
3. **Wiederholung der Aussagen und Fragen nach dem wichtigsten Grund**: Hierdurch wird weiteres Vertrauen aufgebaut und der entscheidende Kaufgrund genannt. Der Kunde wird nun normalerweise ein oder zwei Produkt-Eigenschaften nennen.
4. **Ausschlussfrage und Vereinbarung**: Der Verkäufer fragt den Kunden direkt, ob er den Kauf tätigen

wird, sofern das Angebot des Verkäufers die genannten Kaufkriterien erfüllt. Stimmt der Kunde zu, so hat der Verkäufer eine Vereinbarung mit dem Kunden getroffen, die ihn dazu veranlasst, das Verkaufsgespräch weiter zu führen. Verneint der Kunde, so fragt der Verkäufer nach weiteren Gründen, die den Kunden noch von der Entscheidung abhalten. Spätestens jetzt muss der Kunde Gründe nennen, die dem Kauf im Wege stehen. Nennt der Kunde diese Gründe, so wird die Ausschlussfrage erneut gestellt. Verneint der Kunde weiterhin, wird das Gespräch nach einer Weile abgebrochen.

Das nachfolgende Beispiel verdeutlicht die Vorgehensweise noch einmal:

Makler: „Herr Kunde. Was ist Ihnen an einer Immobilie besonders wichtig?"

Kunde: „Das Haus muss zwei Schlafzimmer und eine Garage haben. Es sollte günstig sein, also nicht teurer als 250.000 €, und maximal zehn Kilometer von meinem Heimatort entfernt sein!"

Makler: „Sie möchten also ein Haus für maximal 250.000 €, maximal zehn Kilometer von Ihrem bisherigen Wohnort entfernt und es soll zwei Schlafzimmer und eine Garage haben!"

Kunde: „Ja genau, so etwas suche ich!"

Makler: „Gibt es außerdem noch etwas, was Ihnen wichtig ist?"

Kunde: „Nein, das ist alles!" Makler: „Was ist für Sie

am Wichtigsten?"

Kunde: „Nun der Preis ist das Wichtigste!"

Makler: „Ich verstehe. Einmal angenommen, ich finde etwas für Sie, dass vom Preis her passt und die anderen Wünsche relativ gut erfüllt. Würden Sie sich dann zum Kauf entschließen?"

Kunde: „Nun ... ehrlich gesagt. Nein!"

Makler: „In dem Fall gibt es also noch Dinge, die wir nicht besprochen haben! Was ist es?"

Kunde: „Nun, die Wohnung muss auch meiner Frau gefallen!"

Makler: „Und dann würden Sie sie nehmen?"

Kunde: (erleichtert) „Ja, dann würde ich Sie nehmen!"

Makler: „Einverstanden, dann schlage ich vor, Sie bringen Ihre Frau beim nächsten Mal mit und wir besprechen die Sache mit ihr. Damit wir gemeinsam etwas finden, das Ihnen beiden gefällt!"

Das Beispiel zeigt, dass der Kunde die Entscheidung nur treffen wird, wenn seine Frau zusagt. Der Makler hat dies nach wenigen Fragen herausgefunden und kann nun darauf achten, dass die Frau von Anfang an in die Entscheidung mit einbezogen wird.

Durch die Verknüpfung von Kundenergründung und einer Ausschlussfrage sichern sich Spitzenverkäufer den Abschluss und vermeiden, dass sie unnötige Zeit für unschlüssige Kunden vergeuden

4.7 Metaprogramme – Die Entscheidungsmuster der Kunden

Eine wichtige Komponente, um unbewusste Kommunikation zu nutzen und Entscheidungsmuster von Kunden zu ermitteln, stellen die so genannten Metaprogramme dar. Wenn Sie vor mehreren Personen Ihr Produkt präsentieren und danach einzelne Gruppenmitglieder befragen, worüber Sie gesprochen haben, werden Sie feststellen, dass die meisten Menschen vollkommen unterschiedliche Aussagen treffen werden. Warum reagieren Menschen so verschieden und richten ihre Aufmerksamkeit auf völlig verschiedene Dinge? Wie kann man jemanden auf die richtige Weise anreden, damit man seine Aufmerksamkeit überhaupt erreicht? Die beste Verkaufspräsentation und die besten Argumente sind ohne Wirkung, wenn Sie von der anderen Person nicht verstanden werden oder ihre Aufmerksamkeit gar nicht erst erregen.

Metaprogramme (Sorts) sind der Schlüssel zur Informationsverarbeitung einer Person. Es handelt sich dabei um unbewusste neuronale Wahrnehmungsfilter, die Informationen nach der bevorzugten Aufmerksamkeitsrichtung der Person sortieren. Dabei ist ausschließlich die Struktur einer Information entscheidend und nicht der genaue Inhalt. Metaprogramme laufen vollständig unbewusst ab und überprüfen und filtern alle Informationen heraus, die nicht zu dem Programm einer Person passen. Metaprogramme sind wie eine Tür, durch die wir mit der Welt draußen agieren. Diese Tür hat die Macht, nur bestimmte Dinge passieren zu lassen. Wenn man diese geistigen Muster einer Person kennt, kann man eine Botschaft so vermitteln, dass der andere sie wirklich wahrnehmen und verstehen kann. Metaprogramme spielen eine entscheidende Rolle bei der Kaufentscheidung und helfen Ihnen außerdem, ein gutes Verhältnis zum anderen aufzubauen, sofern Sie diese in Ihrem Verhalten und Ihren Aussagen widerspiegeln.

Im Folgenden werden Ihnen drei wichtige Metaprogramme vorgestellt, die für die Kaufentscheidung von Kunden maßgeblich sind. Diese können Sie zukünftig nutzen, um sicherer abschließen zu können.

Richtungs-Sort

Die Motivation von Menschen steht unter dem Einfluss von zwei grundlegenden Kräften. Diese Kräfte heißen Schmerz und Freude. Menschen möchten Schmerzen und Leid vermeiden und Freude erzielen. Häufig ist es jedoch so, dass Käufer in ihrer Entscheidung insbesondere von einer dieser Kräfte beeinflusst werden. Die Richtung der Motivation (Weg-von-Schmerz oder Hinzu-Freude) wird durch ein Metaprogramm beschrieben, das als Richtungs-Sort bekannt ist. Sie können dieses Metaprogramm sehr leicht erkennen, indem Sie einem Kunden eine diesbezüglich neutrale Frage stellen. „Aus welchem Grund interessieren Sie sich für unser Produkt?"

Wenn Sie nun im Hinblick auf die Motivation eine ausreichend neutrale Frage formuliert haben, achten Sie
auf die Antwort des Kunden: Eine Weg-von-Motivation
drückt sich durch Aussagen in der Form „Ich möchte
Probleme vermeiden", „Ich will das alte Produkt nicht
mehr!", „Ich ärgere mich über bestimmte Eigenschaften
eines anderen Produkts!". Eine Hin-Zu-Motivation zeigt
sich durch Aussagen in der Form „Ich will eine bestimmte Produkteigenschaft nutzen!" oder „Ich will
Geld sparen!".

Wenn Sie die Motivationsrichtung Ihres Kunden kennen, können Sie diese direkt ansprechen, indem Sie
eben verstärkt von Dingen reden, die vermieden werden können (Weg-von) oder die der Kunde durch den
Kauf erreichen kann (Hin-zu).

Referenzrahmen

Der Referenzrahmen bestimmt, ob eine Person Entscheidungen intern trifft oder diese von externen Meinungen und Aussagen abhängig macht. Ein Kunde mit
internem Referenzrahmen möchte eine Entscheidung
selbst treffen. Ob er Ihr Produkt kauft oder nicht, will er
selbst nach eigenen Kriterien entscheiden.

Ein Kunde mit *externem Referenzrahmen* hingegen
wird auf Ihre Meinung und die Meinung von anderen
Personen großen Wert legen.

Durch eine Frage wie z.B.:„Woher wissen Sie, ob unser
Angebot für Sie geeignet ist?" können Sie den Referenzrahmen erfragen. Antwortet der Kunde „Ich weiß es,

weil ...", so hat er einen internen Referenzrahmen. Antwortet er „Ich bin nicht sicher. Ich möchte noch mit einer anderen Person reden", so handelt es sich um einen externen Referenzrahmen.

Bei Kunden mit *internem Referenzrahmen* sollten Sie Ihre eigene Meinung nur äußern, wenn der Kunde Sie ausdrücklich darum bittet. Er wird Ihnen ansonsten möglicherweise nicht einmal zuhören und Ihre Aussage sozusagen einfach wegfiltern. Sagen Sie daher besser „Ob das Angebot passt oder nicht, können nur Sie selbst entscheiden!" Häufig nutzen Menschen den jeweils anderen Referenzrahmen, wenn sie eine getroffene Entscheidung noch ein letztes Mal überprüfen. Der Kunde mit internem Rahmen wird dies zeigen, indem er beispielsweise sagt „Ich glaube, Ihr Angebot ist das richtige. Was meinen Sie?". In diesem Fall ist die Entscheidung bereits getroffen und wird nun noch ein letztes Mal überprüft. Diese Situation können Sie leicht zum Abschluss nutzen. „Ja, ich glaube auch, dass es für Sie richtig ist. Jetzt sollten wir alles Nötige veranlassen, damit Sie es schnellstmöglichst erhalten!"

Weltsicht

Die Weltsicht entscheidet, ob eine Person Informationen beurteilt oder nicht. Die so genannten Wahrnehmer nehmen Informationen auf, bilden sich jedoch in der Regel keine Meinung darüber. Die Beurteiler hingegen ordnen jede Information sofort in bestehende Überzeugungen ein und bilden sich eine Meinung dazu.

Auch dieses Metaprogramm ist leicht zu erkennen. Kunden, die im Verkaufsgespräch sofort Meinungen äußern, sind Beurteiler. Sie finden bestimmte Dinge gut oder schlecht. Der Wahrnehmer hingegen wird Dinge zwar feststellen, jedoch selten eine Meinung äußern. Seine Aussagen sind eher Feststellungen. Eine Bewertung wird nicht vorgenommen.

Selbstverständlich wird der Wahrnehmer auch eine Bewertung vornehmen, jedoch ist diese Bewertung Argumenten leichter zugänglich. Der Beurteiler bildet sich sehr schnell eine Meinung und wird diese nur dann ändern, wenn Sie sehr überzeugend argumentieren können. Es ist empfehlenswert, einem Beurteiler gegenüber mehr Informationen zu nennen. Sie sollten versuchen, ihn dazu zu bewegen, seine Meinungen direkt zu benennen. Dem Wahrnehmer sollten Sie mehr Entscheidungsspielraum und mehr Zeit zum Nachdenken geben. Möglicherweise wird er eine Entscheidung erst viel später nach der Besichtigung treffen wollen.

- *Die Wahrnehmung von Glaubwürdigkeit und Zugänglichkeit wird durch das eigene Verhalten maßgeblich beeinflusst.*
- *Pacing führt zu Rapport. Auf Basis von Rapport führt der Verkäufer den Kunden, der automatisch folgt.*
- *Metaprogramme sind der Schlüssel zur Informationsverarbeitung der Kunden.*
- *Nutzt man Metaprogramme im Verkaufsgespräch, so stellen Sie sicher, dass der Kunde die Informationen aufnimmt und Sie seine Entscheidungsmuster unterstützen.*

30 MINUTEN

5. Einwände behandeln und Verkaufsabschluss

Viele Verkäufer fürchten Einwände. Bringt ein Kunde einen Einwand vor, so wird dieser als Widerstand gegen den Kauf verstanden. Tatsächlich ist es jedoch so, dass Einwände ein extrem gutes Mittel sind, um den Kaufabschluss herbeizuführen. Einwände stellen häufig Kaufsignale dar. Dabei ist es jedoch so, dass der Einwand nicht immer als solcher erkannt wird.

Viele Kunden sind es beispielsweise gewohnt, ihre eigenen Wünsche in negative Aussagen zu kleiden. Aussagen wie „Ich glaube nicht, dass das möglich ist!" oder „Das kann unmöglich funktionieren!" enthalten einen versteckten Wunsch. Spricht der Verkäufer diesen Wunsch aus und bietet eine Lösung an, dann kann er danach den Abschluss herbeiführen.

Formulierungen wie „Möchten Sie sehen, dass es möglich ist?" oder „Würden Sie gerne einmal demonstriert bekommen, dass es funktioniert?" gehen direkt auf diesen Wunsch ein und sorgen in Verbindung mit dem anschließenden Beweis dafür, dass der Kunde überzeugt werden kann.

Im NLP wurde festgestellt, dass gute Kommunikatoren wichtige Einwände bereits dadurch entkräften, dass sie diese vor dem Kunden ansprechen. Die Vorgehensweise ist als *Preframe* (Vorfokussieren) bekannt. Dabei nennt der Verkäufer den Einwand, bevor der Kunde diesen aussprechen kann und entkräftet ihn gleichzeitig. Wichtig bei der Anwendung ist, dass man hiermit nur die Einwände behandelt, deren Erwähnung durch den Kunden mit einer hohen Wahrscheinlichkeit erfolgt. Würde man alle möglichen Einwände mittels *Preframe* behandeln, könnte dies dazu führen, dass der Kunde auf Dinge aufmerksam wird, die er gar nicht bezweifelt hätte.

„Sie werden möglicherweise denken, das Produkt sei zu teuer!", „Vielen Kunden geht das zunächst so! Wenn Sie sich jedoch intensiver mit dem Produkt auseinandersetzen, werden Sie feststellen, dass der Preis mehr als fair ist!"

Mit einer solchen Aussage lenkt der Verkäufer die Aufmerksamkeit auf den Preis, bestätigt die Ansicht des Kunden und lenkt dann die Aufmerksamkeit darauf, das Produkt aufmerksam zu beachten und spricht den Wert der Fairness an.

Das Besondere an Preframes ist, dass der Kunde zum Zeitpunkt der Erwähnung gar nicht an das Thema gedacht hat und daher auch keinen inneren Widerstand aufgebaut hat. Wird der Einwand nun entkräftet, so kann er dem Argument folgen und hat später Probleme, den Einwand erneut anzusprechen, da die Argumentation ja bereits erfolgt ist.

Gute Verkäufer sehen Einwände als Verkaufschance und sprechen versteckte Kundenwünsche an. Sie nutzen die Technik des Preframing, um wichtige Einwände bereits zu entkräften, bevor der Kunde Widerstand aufbauen kann.

30

5.1 Einwände in Kaufverpflichtungen umwandeln

Die mit Abstand von Verkäufern am häufigsten vorgetragene Angst vor Einwänden bezieht sich auf den Preis. Grundsätzlich ist es so, dass Einwände in der Regel die gleiche Struktur haben und daher mit der gleichen Vorgehensweise behandelt werden können. Nachfolgend wird eine sehr wirksame Methode beschrieben, die den vorgebrachten Einwand nutzt, um den Käufer zu einer verbindlichen Kaufzusage zu verhelfen. Diese Form der Einwandbehandlung stellt daher bereits eine hocheffektive Abschlusstechnik dar.

1. Der Kunde äußert den Einwand „Das ist viel zu teuer!" Abgesehen davon, dass es sich um eine unbegründete absolute Feststellung handelt, **ignorieren Sie den Einwand zunächst**. Oft hat der Kunde sich einfach vorgenommen, diesen Einwand einfließen zu lassen. Er möchte einfach das Gefühl haben, dass er den Preis angesprochen hat, um sich später nicht fragen zu müssen, ob er noch etwas hätte heraushandeln können. Wenn der Kunde nicht mehr weiterre-

det, tun Sie nichts mehr, um den Einwand zu behandeln.

2. **Spricht der Kunde weiter, lassen Sie ihn ausreden** und unterbrechen Sie ihn nicht. Wenn Sie an dieser Stelle abwarten und die Reaktion des Kunden beobachten, zeigt sich an den nonverbalen Botschaften, ob der Einwand ernst gemeint ist. Vielleicht deuten Sie durch einen fragenden Gesichtsausdruck an, dass Sie den Einwand nicht verstehen oder Sie wiederholen einfach das Argument „Zu teuer?". Der Kunde wird nun selbst über seine Aussage nachdenken und sie vielleicht selbst zurücknehmen.

3. **Sammeln Sie Informationen**. Prüfen Sie, was der Kunde meint. Stellen Sie hierzu Fragen. Beispielsweise: „Bedeutet zu teuer, dass es nicht preiswert ist, oder dass Sie es sich nicht leisten können?", „Was ist Ihnen beim Preis denn wichtig?" Vermeiden Sie in jedem Fall die zwei Standardfragen „Warum ist es zu teuer?" und „Im Verhältnis wozu?".

4. **Grenzen Sie den Einwand ein und machen Sie ihn zum entscheidenden Faktor** für den Verkaufsprozess. „Einmal angenommen, ich kann Ihnen zeigen, dass der Preis angemessen ist, werden Sie sich dann zum Kauf entschließen?"
Antwortet der Kunde mit „Ja", so haben Sie eine klare Vereinbarung, an die Sie ihn später erinnern können, falls er trotz Beweisen weiter zögern sollte. Antwortet der Kunde mit „Nein", so behandeln Sie den vorgebrachten Einwand nicht mehr, sondern antworten

„Ihre Antwort sagt mir, dass es noch weitere Dinge gibt, die Sie zögern lassen! Was ist es?". Nun wird der Kunde einen neuen Einwand vorbringen. Den bisherigen Einwand über den Preis behandeln Sie nun nicht weiter. Der neue Einwand ist vermutlich der echte Grund, der bisherige Einwand war möglicherweise nur ein Vorwand.

5. **Respektieren Sie den Einwand** und loben Sie den Kunden. Dadurch bauen Sie weiteres Vertrauen auf. „Ich verstehe, was Sie meinen." Gehen Sie direkt zu Schritt 6 über.

6. **Wandeln Sie den Einwand in eine Frage um**. Wenn ein Einwand als Aussage im Raum steht, ist es problematisch diesen zu beantworten, weil Sie Argumente benötigen, um die Aussage zu entkräften. Dies entspricht eher einem verbalen Zweikampf als einem ausgewogenen Gespräch. Eine Frage kann beantwortet werden. Die Umwandlung in eine Frage erlaubt es Ihnen, Antworten zu geben, ohne gegen den Einwand vorzugehen. „Die eigentliche Frage ist doch, ob dieses spezielle Produkt für Sie zu teuer ist? Ist das richtig?"

7. Stimmt der Kunde zu, **beantworten Sie die Frage**. Dieser Schritt ist abhängig von Ihrem Produkt. Sie sollten also den Nutzen des Produkts, die Produkte von Mitbewerbern und die logischen und emotionalen Kaufgründe des Kunden kennen. Ist Ihr Produkt tatsächlich nicht konkurrenzfähig, so müssen Sie andere Faktoren finden, die den Preis und den Kauf rechtfertigen.

8. **Führen Sie einen Testabschluss durch**. Besonders wirksam sind Fragen, die die Kaufentscheidung des Kunden bereits vorwegnehmen und ein bestimmtes mit dem Kauf zusammenhängendes Detail ansprechen: „Gut. Dann haben wir das Thema Preis erledigt. Was meinen Sie, möchten Sie das Produkt gleich mitnehmen oder sollen wir es zu Ihnen nach Hause liefern?"

Ist die Reaktion positiv (was mit hoher Wahrscheinlichkeit der Fall ist), gehen Sie weiter zu Schritt 9. Ist die Reaktion negativ, erinnern Sie den Kunden an die zuvor getroffene Vereinbarung. Möglicherweise müssen Sie an dieser Stelle etwas hartnäckiger werden, jedoch ist es notwendig, an dieser Stelle Entschlossenheit zu zeigen. Sollte er einen weiteren neuen Einwand äußern, so gehen Sie mit diesem entsprechend um und behandeln Sie den ersten Einwand nicht weiter.

9. **Führen Sie den Abschluss durch.** Stellen Sie eine Frage, die sich direkt auf den Abschluss bezieht oder lassen Sie den Kaufvertrag unterschreiben.

30
Ein zentrales Vorgehen bei Einwänden besteht darin, diese zunächst zu ignorieren und dann festzustellen, ob diese überhaupt von Bedeutung sind. Dann werden diese zur alles entscheidenden Frage umgewandelt. Wird die Frage positiv beantwortet, so wird direkt abgeschlossen.

Ein Anwendungsbeispiel

Das nachfolgende Beispiel aus der Immobilienbranche verdeutlicht die Vorgehensweise noch einmal. Flachdächer sind bei Kunden in der Regel nicht sehr beliebt, weil der Kunde hohe Reparaturkosten und Wassereinbrüche befürchtet:

1. Kunde: „Das Flachdach stört mich!" Der Makler reagiert darauf zunächst nicht. Möglicherweise erinnert er sich an dieser Stelle daran, dass dieser Einwand regelmäßig vorgebracht wird, so dass er diesen durch einen Preframe bereits hätte entkräften können.

2. Der Kunde wiederholt den Einwand „Ich hatte ja schon einmal erwähnt, dass ich von dem Flachdach nicht begeistert bin." Die Reaktion zeigt dem Makler, dass der Einwand wichtig ist und er darauf eingehen sollte.

3. Makler: „Welche Bedenken haben Sie im Hinblick auf das Flachdach?" Die Frage ist sehr wichtig, weil der Kunde bisher nicht gesagt hat, was ihn eigentlich stört. Vielleicht befürchtet er etwas ganz anderes, als der Makler vermutet. Die Aussage „Ich habe gehört, dass hier teure Reparaturen entstehen können und die Dächer schnell undicht werden." bestätigt die Vermutung des Maklers. Der Kunde fürchtet Folgekosten.

4. Makler: „Verstehe ich Sie richtig? Wenn ich Ihnen zeigen könnte, dass das Flachdach keine höheren Kosten verursacht als ein normales Dach, dann könn-

ten Sie sich für diese Immobilie entscheiden. Ist das richtig?"

Ist der Kunde an dem Objekt interessiert, so muss jetzt ein „Ja" kommen. Antwortet der Kunde mit „Nein", so hinterfragt der Makler die Gründe: „In dem Fall gibt es noch weitere Gründe, dürfte ich diese erfahren?"

5. Makler: „Ich verstehe Ihren Einwand, denn in der Vergangenheit gab es häufiger Probleme mit Flachdächern, weil diese Wasser nicht haben abfließen lassen, dann auf Dauer die Dichtungen beschädigt wurden und das Dach somit undicht wurde."

6. Umwandeln des Einwands in eine Frage: „Aber die eigentliche Frage ist doch: Ist das bei diesem Dach auch der Fall und besteht die Gefahr, dass hier hohe Reparaturkosten auf Sie zukommen. Das ist doch der Grund für Ihre Bedenken!"

7. Der Makler führt an dieser Stelle den Beweis, dass das Dach gut konstruiert ist „Kommen Sie einmal mit aufs Dach. (Er legt dort eine Wasserwaage auf.) Sehen Sie, das Dach hat genügend Neigung. Die Nässe fließt also entsprechend ab. (Nun verwendet er eine Analogie, die dem Kunden bekannt ist und bei der er keine Bedenken hat.) Das ist hier wie bei einer guten Terrasse. Wenn diese richtig geneigt ist, dann hält sie bis zu dreißig Jahren. Und das Material, das bei diesem Dach verwendet wurde, ist ausgesprochen hochwertig. Betrachten Sie einmal die Dichtungen, die sind gut verschweißt und es sind keine Schäden er-

kennbar. Dieses Dach hält gut und gerne dreißig Jahre. Länger halten auch herkömmliche Dächer nicht. Ich sage Ihnen das, weil wir mit ähnlichen Dächern die gleichen guten Erfahrungen gemacht haben. Das bedeutet für Sie, dass dieses Dach genauso lange hält wie ein herkömmliches Dach und das bedeutet letztendlich, dass Sie Ihre Entscheidung mit einem guten Gefühl treffen können."

8. Der Makler führt einen Testabschluss durch. „Das ist damit erledigt. Was meinen Sie, wollen Sie noch über die Finanzierung sprechen oder wissen Sie schon, welche Finanzierung Sie wählen?"

9. Der Makler führt den Abschluss durch. „Wann sollen wir den Notartermin vereinbaren?"

Die Einwandbehandlung kann für die unterschiedlichsten Arten von Einwänden verwendet werden. Am Beispiel des Flachdachs einer Immobilie wird gezeigt, wie der Verkäufer ein scheinbares Qualitätsmerkmal für den Abschluss nutzt.

30

5.2 Der Future Pace

Future Pacing ist eine NLP-Anwendung und im Verkauf besonders nützlich, wenn sie direkt nach dem Abschluss verwendet wird. Es geht dabei um die Vorwegnahme der zukünftigen Ereignisse. Oft befinden sich Käufer nach dem Abschluss in einer guten Stimmung.

In einigen Fällen ist es jedoch so, dass dem Käufer auch nach dem Abschluss noch ein zeitlich befristetes Rücktrittsrecht zusteht oder der Abschluss nicht sofort vertraglich besiegelt werden kann. In diesem Fall besteht die Gefahr, dass der Kunde trotz Zusage vom Kauf wieder zurücktritt. Hier hilft der Future Pace.

Die gute Stimmung des Käufers nach dem Kauf nutzt der Verkäufer, um diese drohende Rücktrittgefahr abzuwenden. Durch die Vorwegnahme der möglichen Kaufreue nutzt der Verkäufer den guten Zustand der Käufer, um die nachfolgenden Bedenken unter diesen Voraussetzungen durchzuspielen.

Wenn der Käufer später beispielsweise von Freunden beraten wird, den Kauf rückgängig zu machen oder wenn er sich selbst darum sorgt, so hat er durch den Future-Pace die Situation bereits gedanklich durchgespielt und bereits eine innere Referenzerfahrung für die erneut bekräftigte Kaufentscheidung erlebt. Der Future Pace besteht darin, den Käufer erleben zu lassen, wie er sich später selbst noch einmal in der Entscheidung bekräftigt. Hierzu erzählt der Verkäufer Geschichten, in denen der Käufer nachvollziehen kann, wie sich eine andere Entscheidung auswirkt.

So könnte ein Verkäufer einer Luxuslimousine dem Käufer erzählen, dass er einen anderen Kunden hatte, der sich zunächst ebenfalls für eine Limousine entschieden hat. Durch einen Freund beraten, hat er später doch einen Sportwagen gekauft. Mit dem Ergebnis, dass er das Fahrzeug bereits nach drei Monaten wieder verkauft hat, weil er sich über den mangelnden Fahrkomfort geärgert hat.

Praxisbeispiel

In einem Praxisfall hatte der Verkäufer eines Bauträgerprojekts regelmäßig Kunden verloren, wenn diese nach der Kaufzusage die örtliche Bank zwecks Finanzierung aufsuchten. Äußert der Käufer heute die Absicht, bei der besagten Bank zu finanzieren, so antwortet der Verkäufer leicht amüsiert „Da bin ich aber gespannt, ob wir uns nochmal wiedersehen!"

Die Käufer reagieren hierauf mit Verwunderung und der Frage, weshalb der Verkäufer so reagiere.

„Wir staunen da über ein eigenartiges Phänomen", antwortet der Verkäufer lächelnd. „Immer dann, wenn unsere Kunden zu dieser Bank gehen, gibt es anschließend Probleme. Bei anderen Banken dagegen nicht.".

Auch diese Auskunft bewirkt, dass der Käufer weitere Informationen verlangt, und so kann der Verkäufer weitererzählen. Er wisse nichts Genaues, die Bank würde argumentieren, die angebotenen Objekte seien zu teuer und können deshalb nicht finanziert werden. In einem Fall hätte ein Interessent dann von der Bank eine Wohnung gekauft. Diese sei dann natürlich nicht zu teuer gewesen, obwohl sie sich bis heute nicht vermieten ließ.

„Lassen Sie sich überraschen", empfiehlt der Verkäufer seinem Kunden. „Und schließlich entscheiden Sie doch selbst!"

Der Kunde will kaufen und befindet sich emotional in einem positiven Zustand. Der Verkäufer verdirbt nun scheinbar die gute Laune und bedauert, der Kauf käme wohl nicht zustande, wenn die Bank aufgesucht wird. Dabei argumentiert der Verkäufer nicht gegen die Bank, sondern beschreibt das „Phänomen" als Sonderfall, der nur bei dieser Bank auftritt.

Diese Information speichert der Käufer bereits ab: Nur diese eine Bank verhält sich auffällig anders. Ferner bemerkt der Verkäufer, dass die Bank seinem Angebot einen zu hohen Preis attestiert habe und lässt den Eindruck zu, dass dahinter die gezielte Förderung der eigenen Immobilienabteilung stehe. Letztlich hat der Profi seinem Kunden noch ein eingebettetes Kommando mitgegeben: „Entscheiden Sie selbst!"

Der Bankbesuch wird für den Kunden dann zu einem unterhaltsamen Erlebnis. Amüsiert verfolgt er, wie alle Voraussagen des Verkäufers eintreten und ist gegen Zweifel weitgehend geschützt.

Der Future-Pace sichert die Kauftreue des Kunden auch nach dem Abschluss. Der potenziellen Gefahr eines Rücktritts wird vorgebeugt, indem der Kunde vom Käufer auf mögliche Zweifel bereits vorbereitet wird.

5.3 Der Verkaufsabschluss

Verkaufsabschlüsse sind bei Anwendung der bisher vorgestellten Methoden nicht mehr besonders schwierig. Der Kunde sollte zum Ende des Verkaufsgesprächs in einem guten Zustand sein, mit dem Kauf Freude verbinden und Angst davor haben, das Produkt nicht zu erhalten. Daher geht es letztendlich nur noch darum, dass er das Produkt auch bekommt.

Da im bisherigen Verlauf bereits Vereinbarungen getroffen wurden, dass der Kunde kauft, wird er selbst ein Bedürfnis haben, den Abschluss herbeizuführen. Trotzdem kann es auch beim bestmöglichen Angebot der Fall sein, dass der Kunde zögert. Dieses Verhalten ist natürlich und hat nichts mehr mit dem Produkt oder dem Verkaufsgespräch zu tun. Es handelt sich um eine erlernte Schutzreaktion, die viele Menschen vor wichtigen Entscheidungen zögern lässt.

Daher ist es an dieser Stelle sehr wichtig, dass der Verkäufer den Kunden bereits das Gefühl erleben lässt, als hätte er schon abgeschlossen. Dies kann besonders durch die Kombination von *Meinungsfragen, provisorischen Abschlüssen* und *definitivem Abschluss* erfolgen.

Meinungsfragen

Meinungsfragen sind Fragen, die direkt mit der Kaufentscheidung zusammenhängen. Fragen wie „Was halten Sie davon, wenn Sie das Produkt gleich mitnehmen können?", oder „Benötigen Sie eine Auftragsbestätigung?" oder „Möchten Sie das Produkt nun in Ausführung A oder Ausführung B?" bewirken, dass die Kaufentscheidung bereits vorweggenommen wurde und der Kunde nur noch eine Detailfrage beantworten muss. Die Antwort zeigt sofort, ob noch offene Punkte bestehen oder ob direkt abgeschlossen werden kann.

Provisorische Abschlüsse

Ein provisorischer Abschluss ist geeignet, wenn ein definitiver Abschluss nicht möglich ist. Das ist der Fall, wenn vor dem Abschluss noch ein Beweis durch den Verkäufer anzutreten ist. Dabei wird eine Frage gestellt, deren Beantwortung den Abschluss voraussetzt. „Möchten Sie gleich den Auftrag erteilen, wenn wir Ihnen den Liefertermin garantieren können?", „Angenommen, unser Produkt erfüllt die von Ihnen genannten Anforderungen, kaufen Sie es dann?" Solche Fragen sind direkt auf den Abschluss gerichtet. Auch wenn der Beweis nicht sofort erbracht werden kann, ist der Verkäufer in der Lage, den Abschluss provisorisch durchzuführen. Möglicherweise antwortet er „Dann bestätige ich Ihnen den Auftrag und vermerke, dass der Liefertermin garantiert ist (oder die Anforderungen in jedem Fall erfüllt sind)!".

Definitive Abschlüsse

Sofern gerade ein den Kauf entscheidender Einwand behandelt wurde oder durch entsprechende Ausschlussfragen alle Kundenanforderungen besprochen und erfüllt wurden, erfolgt ein definitiver Abschluss. Dieser kann durch die Frage „Jetzt haben wir alle Ihre Anforderungen besprochen und die offenen Fragen geklärt. Gibt es noch etwas, das wir besprechen wollen oder offene Fragen?". Verneint der Kunde dies, wird direkt abgeschlossen „Also ist es das Richtige für Sie! Jetzt geht es natürlich darum, dass Sie es auch schnellstmöglich erhalten ..." Im folgenden Gespräch erfragt der Verkäufer noch die für die Beauftragung notwendigen Daten und/oder lässt sich den Auftrag bestätigen.

- *Einwände sind hilfreich beim Abschluss und können genutzt werden, um verbindliche Vereinbarungen im Hinblick auf den Abschluss zu erhalten.*
- *Mittels der Technik des Future Pace kann Kaufreue verhindert werden.*
- *Abschlüsse sind nach Durchführung der beschriebenen Schritte ein natürliches und selbstverständliches Ergebnis.*

30

Fast Reader

1. Warum herkömmliche Verkaufstechniken alleine nicht ausreichen

- *Kunden treffen Entscheidungen auf emotionaler Ebene. Erfolgreich verkaufen bedeutet, diese Ebene mit einzubeziehen.*
- *Spitzenverkäufer sind in der Lage, ihren eigenen Erfolg innerlich so zu repräsentieren, dass er für sie zwingend wird.*
- *Erfolgreiche Spitzenverkäufer wecken Interesse, verbinden den Kauf mit Freude (und den Nichtkauf mit Leid) und vermitteln dem Kunden die Vorstellung einer angenehmen Zukunft nach dem Verkaufsabschluss.*

2. Selbstmotivation und innere Verpflichtung

- *Durch die Kombination eines motivierenden Ziels und ausreichender zwingender Gründe wird ein Ziel zu einer Pflicht.*
- *Erfolgreiche Verkäufer haben attraktive Ziele mit hoher Anziehungskraft und genügend zwingende Gründe, so dass ihr Verkaufserfolg zwangsläufig wird.*
- *Die Weg-von-Motivation ist eine starke Kraft, die besonders wirksam ist, um Rückschläge zu überstehen und uns beim Nachlassen der Attraktivität eines Ziels zu unterstützen.*

3. Die Vorbereitung

- *Top-Verkäufer wissen um die Kunst, den Kunden dazu zu bringen, mit dem Kauf Freude und mit dem Nichtkauf Leid zu verbinden.*
- *Ein positiver innerer Zustand vor und während des Kundenkontakts bedeutet eine höhere Abschlusswahrscheinlichkeit, weil der Kunde diesen Zustand spürt und positiv darauf reagiert.*
- *Inkongruenz auf Identitätsebene zeigt sich in universellen Verhaltensmustern, die die Kommunikation insofern stören, dass wichtige Elemente einfach ausgeblendet werden.*

4. Der Kundenkontakt

- *Die Wahrnehmung von Glaubwürdigkeit und Zugänglichkeit wird durch das eigene Verhalten maßgeblich beeinflusst.*
- *Pacing führt zu Rapport. Auf Basis von Rapport führt der Verkäufer den Kunden, der automatisch folgt.*
- *Metaprogramme sind der Schlüssel zur Informationsverarbeitung der Kunden.*
- *Nutzt man Metaprogramme im Verkaufsgespräch, so stellen Sie sicher, dass der Kunde die Informationen aufnimmt und Sie seine Entscheidungsmuster unterstützen.*

5. Einwände behandeln und Verkaufsabschluss

- *Einwände sind hilfreich beim Abschluss und können genutzt werden, um verbindliche Vereinbarungen im Hinblick auf den Abschluss zu erhalten.*
- *Mittels der Technik des Future Pace kann Kaufreue verhindert werden.*
- *Abschlüsse sind nach Durchführung der beschriebenen Schritte ein natürliches und selbstverständliches Ergebnis.*

Der Autor

 **Jochen Sommer** (Dipl.-Phys.) studierte Physik und Psychologie in Frankfurt. Als Trainer und Berater für die IT-, Finanzdienstleistungs- und Immobilienbranche beschäftigt er sich seit 1990 mit NLP. Er gilt als der profilierteste NLP-Trainer im Immobilienbusiness und ist zertifizierter NLP- und NLP-Business-Trainer der INLPTA (International NLP Trainer Association). Jochen Sommer ist Inhaber und Geschäftsführer der **Sommer-Solutions GmbH** (www.nlp4business.de), die sich auf Beratungen und Trainings in den Bereichen NLP, Führung, Strategie und Vertrieb spezialisiert hat.

Sollten Sie Fragen zu diesem Buch oder den angesprochenen Themen haben, erreichen Sie mich per e-Mail unter:
js@nlp4business.de

Literaturhinweise

- Bandler, Richard; Donner, Paul: Die Schatztruhe. NLP im Verkauf. Neue Wege und Übungen zum Erfolg. 3. Auflage, Paderborn: Junfermann, 1999

- Berghaus, Werner; Sommer, Jochen: Verhandeln für Immobilienprofis, Köln: InMedia, 2005

- O'Connor, Joseph; Prior, Robin: Fair verkauft (sich) gut, Kirchzarten: VAK Verlags GmbH, 1996

- Sommer, Jochen; Maigatter, Jochen: Verhandlungspower. Taktiken, Techniken, Tricks. Niedernhausen: Falken, 2001

- Sommer, Jochen: Gekonnt Verhandeln mit der richtigen Strategie. Active-Book, Paderborn: Junfermann, 2002

- Sommer, Jochen: NLP for Business, Offenbach: GABAL, 2003

Register